일식, 이대로면 충분해!

# 일식, 이대로면 충분해!

명장 히로미츠의
간단 일본 요리

**61**

**노자키 히로미츠** 지음 | **황세정** 옮김

시그마북스
Sigma Books

# 일식, 이대로면 충분해!

**발행일** 2026년 4월 6일 초판 1쇄 발행
**지은이** 노자키 히로미츠
**옮긴이** 황세정
**발행인** 강학경
**발행처** 시그마북스
**마케팅** 정제용
**에디터** 양수진, 최연정, 최윤정
**디자인** 정민애, 강경희, 김문배

**등록번호** 제10-965호
**주소** 서울특별시 영등포구 양평로 22길 21 선유도코오롱디지털타워 A402호
**전자우편** sigmabooks@spress.co.kr
**홈페이지** http://www.sigmabooks.co.kr
**전화** (02) 2062-5288~9
**팩시밀리** (02) 323-4197
**ISBN** 979-11-6862-466-5 (13590)

# 일식은 어렵다고 생각하시나요?

이제껏 '일식은 만들기 어렵다'라는 이야기를 많이 들어왔습니다. 그중에서도 특히 "육수는 어떻게 내야 하나요?"라는 질문을 많이 들었습니다. 하지만 한번 생각해보세요. 17~19세기 에도시대만 해도 요리할 때 집에 아궁이 하나만 있으면 충분했습니다. 그 시절에 요리할 때마다 매번 육수를 냈을까요? 그럴 리 없습니다. 즉, 굳이 번거롭게 육수를 내지 않아도 '일식'을 만들 수 있다는 뜻입니다.

일식은 일본의 요리입니다. 예부터 일본에서 사람들이 일상적으로 만들어온 요리가 그렇게 어려울 리가 없지요. 그렇기에 저는 이 책에서 초등학교 3학년도 만들 수 있는 일식 요리들을 소개하고자 합니다. 그러니 여러분도 꼭 한번 만들어 드셔보세요. 그런 마음을 담아 이 책의 제목은 제가 입버릇처럼 하는 말인 '일식, 이대로면 충분해!'로 정했습니다.

물론 그 옛날에도 음식점에서는 '육수'를 따로 내기는 했습니다. 곧바로 요리에 쓸 수 있게 말이지요. 하지만 가정에서 다시마와 가다랑어포로 육수를 내기 시작한 역사는 고작 60년에 불과합니다. 텔레비전의 유명 프로그램에 전문가가 나와 육수 내는 법을 소개한 이후부터지요. 그러니 재료 본연의 맛을 끌어내고 싶을 때, 굳이 육수를 쓸 필요는 없습니다. 그렇게 생각하면 마음이 편해지지 않나요?

자, 그렇다면 우리는 어떤 요리를 '일식'이라 부를까요. 간장이나 미소 된장으로 간을 한 요리일까요? 하지만 요즘은 서양에서도 요리할 때 간장을 많이 씁니다. 중요한 것은 '젓가락으로 먹을 수 있느냐' 하는 점입니다. 소고기 스테이크를 예로 들어볼까요? 구운 소고기를 그대로 포크와 나이프를 이용해 썰어 먹지요. 하지만 똑같이 굽기만 한 소고기도 미리 한입 크기로 잘라 젓가락으로 집어 먹을 수 있게 만들면, 일본에서는 이를 '일식'이라고 말할 수 있습니다. 닭고기나 돼지고기도 마찬가지입니다.

요즘은 가정에서 직접 음식을 만들어 먹는 일이 오히려 더 중요해진 시대가 되었습니다. 간단한 요리라도 괜찮으니 한번 만들어보세요. 애정이 담긴 음식을 먹으면 여러분의 마음도 한결 편안해질 것입니다. 건강한 몸에 건강한 정신이 깃들기 마련이니까요. 부디 매일 즐겁게 식사하며 하루하루 행복한 나날을 보내시길 빕니다.

노자키 히로미츠

# 이게 일식이라고요? → 일식입니다

# 차 례



## 제 1 장  육수, 필요 없었구나!

### '생선에는 소금'을 기억하세요



### 고기는 너무 오래 익히면 맛이 없어진다



### 배추는 더 맛있게 먹을 수 있도록
### 부위별로 나눠 사용한다



### 솥밥에 들어가는 재료는 나중에 넣는다



### 미소 된장국의 '국물'은 재료가 결정한다



## 제 2 장  요리, 이렇게만 해도 되는구나!

### 참치는 '덩어리째 파는 횟감용 붉은 살'이 좋다



### 가다랑어 제대로 먹는 법을 알려드립니다



### 어떤 고기 요리를 일식이라 할 수 있을까요?

# 제 **3** 장 식사법, 이렇게 먹는 거였구나!



# 제 **4** 장 도시락, 이렇게 간단하다니!

# 이 책의 사용법

이 책에서는 요리에 관한 해설과 조리법, 도움말 등을 통해 노자키 씨의 요리 기술과 도움이 될 만한 비법, 그리고 그만의 생각을 전합니다. 제대로 맛을 낼 수 있도록 처음에는 재료와 조리법을 충실히 따라 만들어본 뒤, 그다음부터는 본인의 입맛에 맞게 간이나 화력, 가열 시간 등을 조절해보세요.

## 완성된 요리 사진

요리를 그릇에 담아낸 모습입니다. 사진 속 상태와 요리의 색감이나 질감이 최대한 가깝게 나오도록 요리를 완성해보세요. 따뜻한 요리를 미리 덥힌 그릇에 담아내면 맛이 더 좋아집니다.

## 재료표

요리를 만들기 위해 갖추어야 할 재료들로, 손질법도 함께 표시해두었습니다. 육류는 따로 언급되어 있지 않을 시에는 '얇게 썬 고기'를 사용합니다.

## 조리법과 도움말

요리 순서를 적고, 핵심이 되는 부분은 갈색 밑줄로 표시했습니다. 또 조리법 외의 중요한 정보나 도움말 등은 갈색 글씨로 표기했으니 참고하시기 바랍니다.

## 요리명과 해설

요리의 맛이나 만들 때 알아두면 좋은 비법 등을 저자가 설명합니다.

## 노자키 씨의 팁

조리법에 미처 적지 못한 비법이나 조리법에 변화를 주는 데 도움이 될 만한 아이디어 등을 정리해서 소개합니다.

## 이 책의 사용 기준

◆ 1작은술=5ml, 1큰술=15ml, 1홉=180ml(중량은 쌀 기준 약 150g-옮긴이), 1컵=200ml입니다.
◆ 따로 언급하지 않을 시에 설탕은 상백당(한국의 백설탕으로 대체할 수 있지만, 상백당이 조금 더 촉촉하고 단맛이 강하다.-옮긴이), 소금은 간수를 뺀 천일염, 식초는 곡물 식초, 간장은 코이구치 쇼유(진간장으로 대체 가능하다.-옮긴이), 미소 된장은 장기 숙성한 일본 보리된장, 요리주는 청주, 미림은 혼미림, 달걀은 M 사이즈(58g 이상 64g 미만인 달걀. 한국의 대란~특란에 가깝다.-옮긴이)를 사용합니다.
◆ 전자레인지는 600W를 기준으로 합니다.

# 1

# 육수,

## 필요 없었구나!

일식 하면 흔히 '육수가 생명'이라고 생각하지요? 일식 전문점을 기준으로 한다면 맞습니다. 하지만 가정에서 다시마와 가다랑어포로 육수를 내게 된 지는 고작 60년밖에 되지 않았습니다.

일식 전문점에서 선보이는 요리는 쉽게 말해 비일상적인 요리입니다. 그런 요리와 집에서 매일 먹는 가정식 요리를 동일 선상에서 비교할 수 없는 법인데, 사람들은 일식 전문점에서 내놓는 요리가 더 맛있다거나 '한 수 위'라고 생각하는 듯합니다.

요즘 사람들은 진한 감칠맛에 익숙해진 탓에 '육수가 진하다'라는 말을 칭찬처럼 생각합니다. 하지만 육수의 맛이 너무 진하면 재료 본연의 맛이 가려져버릴 때도 있습니다. 일식의 본질은 '담백한 맛'에 있습니다. 요리에 들어가는 각 재료에는 저마다의 감칠맛이 있습니다. 즉, 이것만으로도 충분히 육수를 낼 수 있다는 뜻이지요. 재료 본연의 맛을 살리면 굳이 육수를 따로 내지 않아도 물과 재료에서 우러난 국물만으로 충분한 맛을 낼 수 있습니다. 그러니 여러분, '재료의 힘'을 믿으세요. 재료 자체에도 그만의 감칠맛이 있답니다. 그것만으로 부족하다 싶으면 그때 멸치나 다시마, 가다랑어포 등을 쓰면 됩니다.

사실 재료 본연의 감칠맛을 살리려면 음식에 좀 더 정성을 들여야 합니다. 전문적인 주방이 아닌 가정에서 만들기에 오히려 더 신경 써야 하는 부분도 있지요. 우선 재료에 밑간하는 작업이 필요합니다. 특히 생선은 반드시 미리 소금을 뿌려두어야 합니다. 그리고 재료를 뜨거운 물에 살짝 데쳐 불순물을 제거해야 합니다. 이 두 가지 작업을 착실히 하기만 해도 일식 전문점에 버금가는 맛을 낼 수 있습니다.

**포인트 1**

### 재료에 '맛의 통로'를 만든다

소금을 뿌리면 생선의 불필요한 수분과 비린내가 빠져나가고 감칠맛이 응축되면서 생선에 살짝 간이 뱁니다. 하지만 그보다 중요한 점은 소금이 생선에 스며들 때 작은 틈이 생긴다는 사실입니다. 덕분에 생선을 조릴 때 이 틈새로 조림 국물이 생선에 스며들고, 생선이 지닌 감칠맛은 조림 국물에 우러나서 물에 조리기만 해도 맛있어집니다. 그렇기에 저는 소금을 뿌리는 작업을 '맛의 통로'를 만드는 과정이라 부릅니다.

**포인트 2**

## 재료를 뜨거운 물에 살짝 데쳐 불순물을 제거한다

여러분도 뜨거운 물을 받은 욕조에 들어가 있으면 몸속 노폐물이 빠지면서 개운해지지요? 식재료도 마찬가지입니다. 생선이나 고기나 채소 모두 그렇지요. 뜨거운 물에 살짝 데쳐 표면의 불순물과 떫은맛을 미리 제거해두면 나중에 조리거나 볶았을 때도 맛이 한층 깔끔해집니다. 생선이나 고기를 데치면 단백질이 응고되면서 불투명한 흰색을 띠게 되는데, 이를 서리가 내린 모습에 빗대어 일본어로 '시모후리'라고 합니다. 앞으로 이 책에서 자주 나올 표현이니 기억해두세요.

# 1분 도미 간장조림

물과 간장으로 은은하고 담백한 맛의 생선조림을 만들 때 가장 기본이 되는 요리입니다. 도미에 소금을 뿌려 밑간한 후, 뜨거운 물에 살짝 데친 다음 찬물에 넣어 조립니다. 생선은 너무 익히면 퍽퍽해져서 맛이 없어집니다. 그러니 조림 국물이 끓으면 불을 약하게 줄인 상태에서 1분간 조리세요. 이렇게 살짝만 조려도 맛있는 생선조림을 만들 수 있는 건 슈퍼마켓에서 신선한 생선을 바로 살 수 있는 요즘 시대이기에 가능한 일이랍니다.

## 재료(2인분)

도미(토막. 삼치나 광어 등도 가능)
　　… 40g짜리 4토막

표고버섯 … 4개

대파(5cm 길이) … 4개

연두부 … 4분의 1모

조림 국물 [15 : 1 : 0.5]
　| 물 … 300ml
　| 우스구치 쇼유(국간장) … 20ml
　| 요리주 … 10ml

소금 … 적당량

깍지완두(심지를 제거해 데친 것) … 4개

## 노자키 씨의 팁

이 요리의 핵심은 생선뿐만 아니라 다른 채소나 두부, 표고버섯을 함께 넣고 조리는 데에 있습니다. 동물성 이노신산과 식물성 글루탐산, 구아닐산이 만나 상승효과를 발휘해 감칠맛이 배가되어 조림이 한층 더 맛있어집니다.

**1**　도미는 양면에 소금을 뿌려 20분간 재워둔다.

◎ 소금은 어차피 데치는 과정에서 씻겨나가므로 분량에 크게 신경 쓰지 않아도 됩니다. 간수를 뺀 고운 소금을 도미 전체에 골고루 뿌리세요.

**2**　표고버섯은 밑동을 제거하고, 대파는 옆면에 비스듬하게 칼집을 여러 번 내고, 두부는 반으로 썬다.

◎ 다소 번거롭더라도 대파에 칼집을 내야 나중에 씹을 때 대파가 잘 끊어집니다.

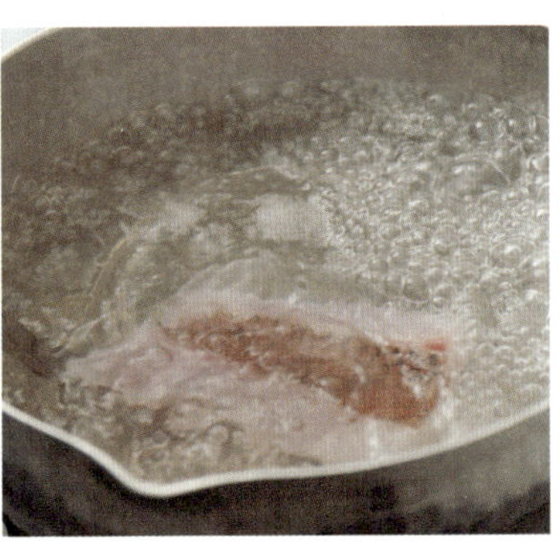

**3**　2의 표고버섯과 대파를 끓는 물에 20초 정도 담갔다가 건져서 물기를 제거한다. 그 물에 1의 도미를 넣어 시모후리한다.

◎ 뜨거운 물에 데쳐도 재료 본연의 감칠맛이 쉽게 빠지지는 않으니 안심하세요.

**4**　찬물에 담갔다 건져서 물기를 닦아낸다.

◎ 생선에 비늘이나 불순물이 남아 있을 수 있습니다. 손끝으로 가볍게 문질러 제거하세요.

**5**　냄비에 조림 국물, 4의 도미, 표고, 대파, 2의 두부를 넣고 중불에 올린다.

◎ 차가운 상태에서 천천히 열을 가하면 생선에서 감칠맛이 우러나고, 조림 국물도 재료에 서서히 스며듭니다. 조림 국물이 끓기 시작했을 때쯤에는 생선이 거의 다 익은 상태입니다.

**6**　국물이 펄펄 끓으면 불을 약하게 줄이고 1분 정도 조린 후, 대파가 부드럽게 익을 때까지 기다렸다가 접시에 옮겨 담는다. 마지막으로 깍지완두를 곁들인다.

◎ 조림 국물이 남으면 우동이나 소바 국물로 활용하세요. 재료 본연의 감칠맛이 잘 우러나 있어 맛있습니다.

# 해산물 포토푀

'1분 도미 간장조림'(→p.14)과 같은 방법으로 여러 가지 해산물을 넣어 끓인 수프입니다. 오로지 재료 본연의 감칠맛과 간장으로만 맛을 냈습니다. 짧은 시간 안에 만들 수 있으므로 보온 푸드자(→p.110)에 넣어 도시락으로 싸 가도 좋습니다. 해산물을 일일이 사는 대신 팩으로 포장해 파는 모둠회를 활용해도 맛있게 만들 수 있습니다.

## 재료 (2인분)

도미(토막. 방어나 삼치 등도 가능)
　　… 30g짜리 4토막
껍데기 있는 바지락(해감한 것) … 200g
가리비 관자 … 2개
새우(껍질 벗긴 것) … 2마리
소송채(3cm 길이) … 한 포기(40~60g)
조림 국물 [15 : 1 : 0.5]
　　물 … 300ml
　　우스구치 쇼유(국간장) … 20ml
　　요리주 … 10ml
소금 … 적당량
굵게 간 흑후추 … 적당량

**1** 도미는 소금을 골고루 뿌려 20분간 재워둔다. 뜨거운 물에 살짝 데쳐 시모후리한 후, 찬물에 담갔다 건져 물기를 제거한다. 도미를 데친 물에 가리비와 새우도 같은 방법으로 데친다(**a**). 바지락은 깨끗한 물에 담가 껍데기끼리 박박 문질러 씻은 뒤 흐르는 물에 두세 번 헹군 후 물기를 제거한다.

**2** 냄비에 **1**, 소송채, 조림 국물을 담아 불에 올린다(**b**).

**3** 바지락의 입이 벌어지면 다 조려진 것이다. 접시에 옮겨 담고, 굵게 간 흑후추를 취향껏 뿌린다.

**a** 해산물의 표면이 하얗게 변할 정도로만 데친다. 이런 상태를 시모후리라고 한다.

**b** 차가운 조림 국물에 해산물을 넣어 서서히 익히면 해산물과 조림 국물의 맛이 서로 배어들어 조림의 맛이 한층 더 좋아진다.

# 정어리 토마토 조림

토마토는 감칠맛이 강한 데다 산미도 있어 활용도가 높은 식재료입니다. 이 레시피에서는 토마토 대신 간편한 토마토주스를 넣어 정어리를 조립니다. 이때 핵심은 불을 너무 세게 하지 않는 것입니다. 그래야 야들야들하게 조려진 정어리의 감칠맛이 입안에 확 퍼지거든요. 정어리를 맛있는 조림 국물에 적셔서 드셔보세요.

## 재료 (2인분)

정어리 … 4마리

대파(5cm 길이) … 4조각

표고버섯(밑동을 제거한 것) … 2개

생강(얇게 썬 것) … 작은 토막 1개(약 15g)

조림 국물 [15 : 1 : 1]

> 무염 토마토주스 … 150ml
>
> 물 … 150ml
>
> 간장, 식초 … 20ml

깍지완두(심지를 제거해 데친 것) … 4개

◎ 토마토주스는 감칠맛이 진하므로 같은 양의 물을 부어 희석합니다. 조림 국물의 비율은 희석한 토마토주스의 양을 기준으로 계산합니다.

**1** 정어리는 머리를 자르고 내장을 제거한 다음, 물로 깨끗이 씻는다.

**2** 대파는 옆면에 비스듬하게 칼집을 몇 군데 낸 다음, 표고버섯과 함께 끓는 물에 살짝 데친 후 물기를 제거한다.

**3** 대파와 표고버섯을 데친 물에 찬물을 섞어 70℃로 맞춘 뒤, **1**의 정어리를 넣어 시모후리한다(a). 찬물에 담가 불순물을 씻어내고 물기를 제거한다.

**4** 프라이팬에 **3**의 정어리를 가지런히 올린 뒤, **2**와 생강, 조림 국물 재료를 넣고 조림용 뚜껑을 덮어(b) 불에 올린다. 끓어오르면 불을 약하게 줄여 4~5분간 조린 뒤, 조림 국물과 함께 그릇에 옮겨 담고, 깍지완두를 올려 마무리한다.

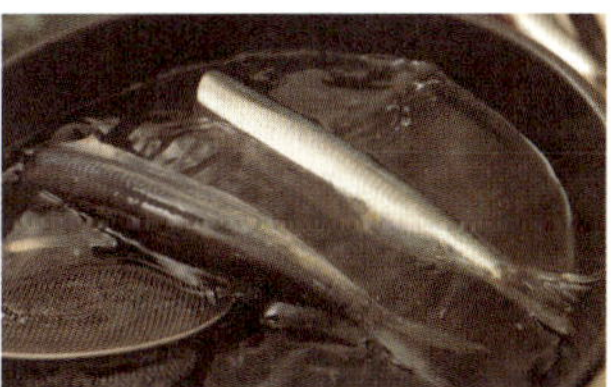

**a** 정어리를 데칠 때 물 온도가 너무 높으면 매끈한 껍질이 터져 벗겨지므로 70℃ 정도의 물에서 시모후리한다.

**b** 표면이 마르지 않도록 조림용 뚜껑이나 뚜껑형 종이 포일을 덮은 채로 조린다.

# 실패할 일이 없는 부리다이콘(방어 무 간장조림)

'부리다이콘'은 원래 방어 살을 발라내고 남은 서덜(뼈·머리·껍질 등)을 뭉근히 조리는 요리지만, 요즘은 살코기 토막을 이용해 짧은 시간에 만들기도 합니다. 방어 살은 알맞게 익히면 입안에서 부드럽게 풀어져 맛있지만, 너무 오래 익히면 퍽퍽해져 맛이 떨어집니다. 중간에 방어를 따로 건져두었다가 마지막에 조림 국물에 버무려내면 틀림없이 맛있는 부리다이콘이 될 것입니다.

## 재료(2인분)

방어(토막) … 40g짜리 4토막

무(껍질 벗긴 것) … 200g

조림 국물 [5:3:1]

| 미림 … 150ml

| 요리주 … 90ml

| 간장 … 30ml

생강(얇게 썬 것) … 1조각 분량

대파의 흰 부분(2.5cm 길이로 썬 것)
… 1조각 분량

소금 … 적당량

깍지완두(심지를 제거해 데친 것) … 4개


## 노자키 씨의 팁

방어와 무의 두께를 약 1cm 정도로 하면 프라이팬에 조릴 수 있습니다. 프라이팬 은 표면적이 넓어서 적은 양의 조림 국물 로 단시간에 맛있는 조림을 만들어낼 수 있습니다. 다만, 조림 국물에 미림과 요리 주가 많이 들어가므로 조리는 도중에 불 이 붙을 수 있으니 주의하세요. 이 점이 신경 쓰인다면 속이 깊은 프라이팬을 사 용하면 됩니다.

**1**  무는 1cm 두께로 둥글게 썬다. 자른 무를 냄비에 넣고 무가 살짝 잠길 만큼 물을 부어 무가 적당히 익을 때까지 미리 데친다. 대파 는 흰 부분을 최대한 가늘게 썬다.

◎ 무는 익는 데에 시간이 오래 걸리는 편이지만, 얇게 썰어 데치면 짧은 시간에 속까지 익힐 수 있 습니다.

**2**  방어는 양면에 소금을 뿌려 20분간 재운 다. 끓는 물에 살짝 데쳐 시모후리한 다음, 물 기를 제거한다.

◎ 소금을 뿌려 '맛의 통로'를 만듭니다.

**3**  프라이팬에 **1**의 무와 **2**의 방어, 대파의 파란 부분, 조림 국물 재료를 모두 넣어 불에 올린다.

◎ 조림 국물이 차가울 때 불에 올려야 '맛의 통 로'가 만들어진 방어에 조림 국물이 잘 스며들고, 방어의 감칠맛 또한 조림 국물에 잘 우러납니다.

**4**  조림 국물이 끓으면 2분 정도 조린 뒤, 방 어와 대파의 파란 부분을 건져낸다.

◎ 방어 토막은 5분 이상 조리면 퍽퍽해지므로 중 간에 건져서 잔열로 익힙니다.

**5**  조림 국물을 조리다가 기포가 커지고 윤 기가 나기 시작하면 방어를 다시 넣고 생강을 첨가한다.

◎ 생강은 오래 익히면 쓴맛이 나므로 조림이 거 의 완성되었을 때 넣어 향을 냅니다.

**6**  가끔 조림 국물을 끼얹어가며 가볍게 버 무린다. 그릇에 옮겨 담고 **1**의 잘게 썬 대파 와 깍지완두를 올린다.

◎ 방어는 잔열로 속까지 익은 상태입니다. 국물 을 입히는 정도로만 살짝 버무려 너무 오래 조리 지 않도록 합니다.

# 연어 감자조림

일본의 대표 반찬인 소고기 감자조림에 고기 대신 연어를 넣었습니다. 생연어에 소금을 뿌려 20~30분간 재웠다가 사용해도 좋지만, 시중에 판매하는 저염 연어를 사용하면 더 간편합니다. 연어의 감칠맛이 달짝지근한 조림 국물과 잘 어울리고 포만감도 있어 소고기 감자조림과는 전혀 다른 맛을 선사합니다. 연어가 아닌 다른 생선으로 만들어도 맛있고, 생선 대신 닭 다리 살이나 돼지고기 등을 넣어 맛에 변화를 줄 수도 있습니다.

**재 료**(4인분)

저염 연어(염분 농도 3% 미만인 것)
　　… 20g짜리 12토막

감자(한입 크기로 썬 것) … 250g

당근(한입 크기로 썬 것) … 100g

양파 … 150g

실곤약(먹기 좋게 썬 것) … 100g

조림 국물 [8:1:1]
　물 … 400ml
　우스구치 쇼유(국간장) … 50ml
　미림 … 50ml
　설탕 … 2큰술
　다시마 … 가로세로 5cm 크기 1장

굵게 간 흑후추 … 적당량

생강(채 썬 것) … 1조각 분량

그린빈(4cm 길이로 썬 것) … 4개 분량

## 노자키 씨의 팁

아침밥이나 도시락 반찬용으로 구울 연어를 미리 넉넉히 구워 냉동 보관해두었다가 쓰면 편합니다. 연어가 아닌 다른 생선 토막도 요리하다가 남을 경우 양면에 소금을 뿌려 20분간 재워두었다가 구워서 냉동해두면 나중에 '연어 감자조림' 같은 조림이나 카스지루(술지게미국)에 바로 넣어 쓸 수 있습니다. 조림 국물에 들어가는 조미료는 처음부터 전부 다 넣고 끓이세요. 조미료를 넣는 순서에 따라 맛이 달라질 만큼 오래 조리지 않으니 재료를 넣는 순서를 신경 쓰지 않아도 됩니다.

**1**　저염 연어는 표면을 물로 깨끗이 씻어 물기를 제거한 후, 그릴에서 겉면을 노릇하게 굽는다.

◎ 저염 연어 대신 생연어에 소금을 뿌려 20~30분간 재워두었다가 사용해도 됩니다. 연어 대신 다른 생선을 사용할 때도 같은 방법으로 합니다.

**2**　양파는 세로로 반을 자른 다음, 다시 가로로 반을 썬다. 자른 양파의 바깥쪽을 3등분하고, 안쪽도 비슷한 폭으로 자른다. 이렇게 해야 양파의 폭이 일정해진다.

◎ 재료를 일정한 크기로 썰어야 고루 익습니다.

**3**　그린빈을 끓는 물에 데쳐 꺼낸다. 그 물에 감자와 당근, 양파, 실곤약을 넣어 살짝 데친 후, 체로 건져낸다.

◎ 그린빈은 마무리 단계에 넣어 조림에 푸른색을 가미할 용도이니 따로 담아둡니다.

**4**　냄비에 조림 국물 재료와 **1**의 연어, **3**의 감자·당근·양파·실곤약을 넣고 중불에 올린다.

◎ 조림 국물이 차가운 상태일 때부터 재료를 넣고 푹 조려야 재료의 감칠맛이 우러나와 더욱 맛있어집니다.

**5**　조림 국물이 끓어오르면 일단 연어만 건져낸다. 불을 약불로 줄이고 뚜껑을 덮은 채 조림 국물이 절반 정도로 졸아들 때까지 푹 조린다.

◎ 뿌리채소는 익는 데 시간이 걸리므로 연어가 퍽퍽해지지 않도록 중간에 잠시 건져둡니다.

**6**　감자가 다 익으면 연어를 다시 넣고 조림 국물을 고루 입힌 후 그릇에 옮겨 담는다. 마무리로 흑후추를 뿌리고 **3**의 그린빈을 군데군데 올린 뒤, 생강채를 얹는다.

◎ 뿌리채소가 푹 익으면 연어를 다시 넣습니다. 흑후추를 뿌리면 맛이 더욱 깔끔해집니다.

# 고기는 너무 오래 익히면 맛이 없어진다

## 닭고기 완자 조림

넉넉한 국물과 함께 먹는 일본식 닭고기 완자 조림입니다. 100% 고기만으로 완자를 빚으면 뻑뻑해져서 오히려 고기 맛이 잘 살지 않습니다. 햄버그스테이크에 양파를 넣듯이 다른 재료를 조금 섞어 고기의 비율을 낮추어야 더 맛있습니다. 이번 레시피에서는 닭 다짐육에 간 연근과 감자전분을 섞어 촉촉하고 부드러운 식감을 냈습니다.

### 재료(2인분)

닭고기 완자

> 닭 다짐육 … 150g
>
> 연근(갈아서 물기를 살짝 짠 것) … 80g
>
> 대파(흰 부분을 3~4mm 두께로 썬 것)
>
> … 2분의 1대 분량
>
> 우스구치 쇼유(국간장) … 1큰술
>
> 감자전분 … 1~2큰술
>
> 초피가루(제피가루) … 소량

순무(잎이 달린 것) … 1개

표고버섯(밑동을 제거한 것) … 2개

대파(흰 부분을 5cm 길이로 썬 것) … 4토막

조림 국물

> 물 … 500ml
>
> 우스구치 쇼유(국간장) … 30ml
>
> 요리주 … 15ml

유자 껍질(가늘게 채 썬 것) … 소량


### 노자키 씨의 팁

마무리 단계에서 계절감이 느껴지는 제철 식재료를 고명으로 올리면 한층 고급스러운 분위기를 낼 수 있습니다. 겨울에는 황유자 껍질, 봄에는 초피나무의 어린 순, 여름에는 생강이나 양하, 가을에는 청유자 등을 사용해보세요. 유자 껍질은 식칼로 얇게 벗겨 냉동해두었다가 필요할 때 바로 꺼내어 쓸 수 있습니다.

**1**  볼에 닭고기 완자 재료를 모두 넣고 골고루 섞는다.

◎ 연근의 수분량에 맞춰 감자전분의 양을 조절하세요. 감자전분 대신 밀가루를 써도 됩니다.

**2**  순무는 줄기를 3cm 정도만 남기고 잎을 잘라낸 뒤, 순무 알은 껍질을 벗겨 4등분한다. 잘라낸 잎은 4cm 길이로 썰고, 5cm 길이로 잘라둔 대파는 옆면에 비스듬히 칼집을 낸다. 이렇게 손질한 재료를 표고버섯과 함께 뜨거운 물에 살짝 데쳐낸다.

◎ 채소를 뜨거운 물에 살짝 담갔다 빼면 아린 맛과 떫은맛이 빠져 조렸을 때 깔끔한 맛을 냅니다.

**3**  냄비에 조림 국물 재료를 넣고, **1**의 반죽을 둥글게 떠낸다.

◎ 반죽이 질므로 한 손으로 반죽을 가볍게 쥐고 엄지와 검지를 구부린 틈새로 반죽을 둥글게 짜낸 뒤, 숟가락으로 가볍게 떠내는 것이 좋습니다.

**4**  차가운 조림 국물에 **3**을 조심히 넣는다.

◎ 닭고기 완자를 찬 국물에 먼저 넣은 뒤 불에 올리면 국물에도 고기의 감칠맛이 적당히 우러나와 국물 맛이 좋아집니다. 조림 국물에 완자를 넣을 때는 반죽이 뭉개지지 않도록 살살 넣으세요.

**5**  **2**의 순무 알과 대파, 표고버섯을 넣고 중불에 올린다.

◎ 고기는 40~60℃의 온도에 서서히 익혀야 감칠맛이 극대화되므로 찬물에서부터 은근하게 온도를 높여갑니다.

**6**  조림 국물이 끓어오르면 거품(불순물)을 걷어내고, 순무 잎을 넣는다. 닭고기 완자가 익으면 접시에 옮겨 담고, 유자 껍질을 가늘게 채 썰어 고명으로 올린다.

◎ 닭고기 완자는 조림 국물이 끓어오를 때쯤이면 이미 거의 다 익은 상태입니다.

# 고기가 야들야들하고 맛있는 돼지고기 감자조림

돼지고기 감자조림은 대표적인 밥반찬이지요. 혹시 고기 맛을 제대로 살린 돼지고기 감자조림을 드셔본 적이 있나요? 돼지고기 감자조림을 맛있게 만드는 비법은 간단합니다. 뿌리채소 등을 먼저 충분히 익힌 뒤, 국물이 거의 다 조려졌을 때쯤 미리 데친 고기를 넣고 잘 섞는 것이지요. 고기를 푹 조리지 않을 것. 이 점만 기억하면 됩니다.

## 재료(4인분)

돼지 삼겹살(5cm 길이로 썬 것) … 150g

감자(한입 크기로 썬 것) … 250g

당근(한입 크기로 썬 것) … 100g

양파(3cm 폭의 반달 모양으로 썬 것) … 150g

실곤약(먹기 좋게 썬 것) … 2분의 1봉지 분량

그린빈(4cm 길이로 썬 것) … 4개 분량

조림 국물 [8:1:1]

  물 … 400ml

  우스구치 쇼유(국간장) … 50ml

  미림 … 50ml

  설탕 … 3큰술

  다시마 … 가로세로 5cm 크기 1장

**1** 그린빈은 끓는 물에 데쳐 건진다. 감자·당근·양파·실곤약도 체에 담아 같은 물에 살짝 데친 후 건져서 물기를 뺀다. 이어서 돼지고기를 체에 담아 뜨거운 물에 넣어 시모후리한 다음(a), 찬물에 헹궈 물기를 뺀다.

**2** 냄비에 조림 국물 재료와 **1**의 감자·당근·양파·실곤약을 넣고 중불에 올린다. 국물이 끓어오르면 약불로 줄이고, 조림용 뚜껑을 덮는다.

**3** 감자가 익으면 돼지고기를 넣고(b) 한소끔 끓인 후, 맛이 배도록 2~3분간 더 조린다. 그릇에 담고 그린빈을 흩뿌리듯 올린다.

a 돼지고기는 뜨거운 물에 한 번 데쳐 불순물을 제거해둔다. 이 과정이 중요하다.

b 돼지고기는 다른 재료가 다 조려질 때쯤 넣어야 고기가 야들야들하고 풍미가 살아난다.

# 돼지고기 사와니

사와니(沢煮)는 '각종 채소를 듬뿍 넣은 조림'을 뜻합니다. 색과 맛, 식감이 각기 다른 채소를 가늘게 채 썰어 만드는 알록달록한 조림 요리이지요. 고기는 씹는 맛을 즐길 수 있도록 큼직하게 썰고, 마지막에 청피망과 파드득나물을 넣어 아삭아삭한 식감을 살리면 좀 더 다채로운 맛을 낼 수 있습니다.

## 재료 (2인분)

돼지 삼겹살(8cm 길이로 썬 것) … 150g

데친 죽순 … 50g

우엉(수세미로 문질러 씻은 것) … 50g

당근(껍질을 벗긴 것) … 30g

청피망(가늘게 채 썬 것) … 25g

파드득나물(큼직하게 썬 것) … 4분의 1단

대파 … 2분의 1대

조림 국물 [15:1:0.5]

　물 … 300ml

　우스구치 쇼유(국간장) … 20ml

　요리주 … 10ml

굵게 간 흑후추 … 약간

**1** 죽순·우엉·당근은 4cm 길이로 잘라 채 썰고, 대파는 흰 부분을 4cm 길이로 자른 뒤 가운데 심지를 제거하고 흰 부분만 가늘게 채 썬다(a)

**2** 1의 죽순·우엉·당근은 식감이 죽지 않을 정도로 끓는 물에 데친 후, 물기를 제거한다. 그 물에 돼지고기를 체에 담아 넣어 시모후리한 후, 찬물에 헹궈 물기를 뺀다.

**3** 냄비에 조림 국물 재료를 넣고 불에 올린 뒤, 한소끔 끓으면 2의 죽순·우엉·당근을 넣는다. 채소가 숨이 죽기 시작하면 돼지고기를 넣고 조린다.

**4** 마지막에 청피망과 파드득나물을 넣는다. 조림을 그릇에 옮겨 담고, 1의 가늘게 채 썬 대파를 올린 뒤, 흑후추를 뿌린다.

a 6가지 채소를 길이를 맞춰 썬 뒤, 단단한 재료부터 순서대로 넣고 조린다.

# 배추는 더 맛있게 먹을 수 있도록
# 부위별로 나눠 사용한다

배추는 큼직한 한 포기 안에 다양한 식감과 맛을 지니고 있습니다.
배추의 푸른 잎과 흰 줄기. 그중에서도 햇볕을 받는 겉잎은 더 진한 녹색을 띠며, 잎이 두
꺼워 아삭아삭합니다. 햇볕을 받지 않는 속잎으로 갈수록 점차 색이 노래지고 잎이 연해
지며 더 단맛을 띠게 됩니다. 흰 줄기는 배추의 섬유질이 집중된 부분으로, 세로로 결이
나 있습니다. 이러한 특징을 잘 살려 배추를 부위별로 나누어 사용하는 4가지 방법을 소
개합니다.

## 부위별 배추 사용법

**배추의 겉잎**

**1** 겉잎은 아삭아삭한 식감이 잘 살도록 소량의
국물에 푹 익히듯 조린다.

**배추의 속잎**

**2** 노란 속잎은 연한 식감과 단맛이 살도록 1~2
분 정도만 조린다.

**흰 줄기 (세로로 길쭉하게 썰기)**

**3** 흰 줄기 부분을 결을 따라 세로로 길쭉하게
썰면 아삭아삭한 식감을 그대로 살릴 수 있
다. 담백한 조림에 활용해보자.

**흰 줄기 (저며 썰기)**

**4** 흰 줄기 부분을 어슷하게 저며 썰면 섬유질이
끊어져 식감이 조금 부드러워진다. 한 번 구
운 뒤에 조림에 넣으면 좋다.

# 돼지고기와 배추를 넣은 담백한 찜조림

저는 어릴 적부터 아삭아삭한 배추의 푸른 겉잎을 좋아했습니다. 들어가는 재료에 비해 조림 국물의 양이 적어 보일 수 있지만, 배추가 익으면서 수분이 빠져나오므로 걱정하지 않아도 됩니다. 밥에 올려 먹으면 맛있으니 꼭 밥반찬으로 만들어보세요.

## 재료 (2인분)

배추잎(손으로 뜯은 것) … 100g

돼지 삼겹살(8cm 길이) … 150g

실곤약(7cm 길이) … 120g

대파(어슷하게 썬 것) … 1대 분량

만가닥버섯(가닥가닥 찢은 것) … 60g

조림 국물 [5:1:0.5]

| 물 … 150ml

| 간장 … 30ml

| 요리주 … 15ml

굵게 간 흑후추 … 적당량

**1** 체에 대파와 만가닥버섯을 넣고 끓는 물에 담가 살짝 데친 뒤 물기를 제거한다. 실곤약도 같은 방법으로 한다.

**2** 그 물에 돼지 삼겹살을 담가 시모후리한 다음, 찬물에 헹궈 물기를 제거한다.

**3** 냄비에 조림 국물 재료를 모두 넣고, **2**의 돼지 삼겹살과 배춧잎, **1**의 실곤약을 넣어 뚜껑을 덮은 뒤, 조금 약한 중불에서 찜조림한다(a). 대파와 만가닥버섯도 넣어 살짝 조린다. 그릇에 담고 흑후추를 취향껏 뿌린다.

**a** 배춧잎을 뚜껑을 덮은 채로 찜조림을 하면 푹 익으면서 수분이 빠져나온다.

## 간편하게 만드는 베이컨 배추 조림

배추의 속잎은 연하고 달아서 베이컨의 감칠맛을 가미한 포토푀 스타일의 조림을 만들면 밥과 잘 어울립니다.

### 재료 (2인분)

배추 속잎 … 100g

베이컨(얇은 베이컨을 반으로 자른 것) … 100g

표고버섯(밑동을 제거한 것) … 4개

조림 국물

　물 … 500ml

　우스구치 쇼유(국간장) … 15ml

　요리주 … 15ml

　다시마 … 가로세로 5cm 크기 1장

굵게 간 흑후추 … 소량

**1**　배추 속잎은 5cm 길이로 썬다.

**2**　표고버섯은 끓는 물에 살짝 데친 후 물기를 제거한다.

**3**　냄비에 조림 국물 재료와 **1, 2**를 넣고 중불에 올린다. 국물이 끓으면 불을 약불로 줄여 5분간 더 조린다. 우스구치 쇼유와 요리주로 간을 맞춘 뒤, 베이컨을 넣는다. 베이컨이 익으면 그릇에 담고 흑후추를 뿌린다.

## 바지락 배추 조림

배추 줄기를 결을 따라 썰면 아삭아삭한 식감이 살아나 씹는 재미가 있습니다. 바지락의 감칠맛이 배어든 국물까지 맑은국처럼 시원하게 드셔보세요.

### 재료 (2인분)

배추 줄기 … 130g

껍데기 있는 바지락 … 200g

대파(4cm 길이) … 2토막

마늘(얇게 썬 것) … 1쪽 분량

부추(5cm 길이) … 2줄기 분량

조림 국물 [30 : 1.5 : 1]

　물 … 300ml

　우스구치 쇼유(국간장) … 15ml

　요리주 … 10ml

굵게 간 흑후추 … 소량

**1**　배추 줄기를 결을 따라 길이 4cm, 폭 1cm 크기로 자른다. 대파의 옆면에 비스듬하게 칼집을 낸다.

**2**　바지락은 물속에서 껍데기끼리 서로 비벼가며 씻은 뒤, 물기를 제거한다.

**3**　냄비에 조림 국물 재료와 **1, 2**, 마늘을 넣고 뚜껑을 덮어 불에 올린다. 국물이 끓어올라 바지락이 입을 벌리면 흑후추를 뿌리고 부추를 넣은 다음, 한 번 휘휘 저어 그릇에 담는다.

# 저염 연어 두부조림

배추 줄기는 결과 수직 방향이 되게 어슷하게 저며 썰면 식감이 부드러워집니다. 배추는 수분이 많고 맛 자체는 심심한 편이지만, 구우면 수분이 빠지면서 크기는 줄어드는 반면 감칠맛이 10배 가까이 응축되고, 그을린 부분에서도 감칠맛이 나서 깊은 맛을 냅니다. 게다가 연어의 감칠맛과도 상승 작용을 일으켜 밥반찬으로 훌륭한 조림이 완성됩니다.

## 재료 (2인분)

배추 줄기 … 배춧잎 2장 분량
저염 연어(한입 크기) … 150g
두부(반으로 썬 것) … 4분의 1모 분량
대파의 파란 부분(4cm 길이) … 4토막
조림 국물 [25 : 1 : 0.5]
  물 … 500ml
  우스구치 쇼유(국간장) … 20~25ml
  요리주 … 10ml
  다시마 … 적당량
굵게 간 흑후추 … 적당량

◎ 생연어를 사용할 시에는 양면에 소금을 뿌려 30분간 미리 재워두세요.

**1** 배추 줄기는 어슷하게 저며 썬 다음, 그릴에 노릇하게 양면을 굽는다 (a).

**2** 저염 연어는 끓는 물에 담가 시모후리한 후, 찬물에 담갔다 건져서 물기를 제거한다.

**3** 냄비에 조림 국물 재료를 넣고, **1**의 배추, **2**의 연어, 대파, 두부를 넣고 중불에 올린다. 국물이 끓으면 불을 약불로 줄인 뒤, 1분간 더 조린다. 다 조려지면 그릇에 옮겨 담고 흑후추를 뿌린다.

a 배추를 그릴에 구우면 놀랄 정도로 맛이 진해진다. 미리 구워서 냉동 보관해둘 수도 있다.

# 솥밥에 들어가는 재료는 나중에 넣는다

## 도미 솥밥

솥밥이라고 하면 보통 갖가지 재료를 쌀과 함께 넣고 밥을 지어 재료와 밥이 어우러진 맛을 즐기는 경우가 많지요. 하지만 재료를 넣는 타이밍을 조금만 달리하는 정성을 기울이면 재료의 맛이 더 진하게 느껴지고 식감도 살아납니다. 슈퍼마켓에서 파는 도미는 신선해서 5분이면 다 익습니다. 밥이 다 되기 5분 전에 도미를 넣고 뜸을 들여 솥밥을 완성해보세요. 도미가 아닌 다른 생선을 써도 됩니다.

쌀 … 2홉(300g)

밥물 [10 : 1 : 1]

　물 … 300ml

　우스구치 쇼유(국간장) … 30ml

　요리주 … 30ml

도미(껍질이 없어도 됨) … 150g

소금 … 적당량

파드득나물(3cm 길이로 큼직하게 썬 것)

　　　… 1단 분량


## 노자키 씨의 팁

맛에 살짝 변화를 주고 싶다면 '구운 도미'를 넣는 방법도 추천합니다. 만드는 법 2에서 도미의 물기를 제거한 후 그릴에서 노릇하게 구워보세요. 이를 다 된 밥에 파드득나물과 함께 올려 뜸을 들입니다. 도미뿐만 아니라 방어, 정어리, 연어 등 흰살생선이나 등푸른생선 중 어느 것을 사용해도 맛있습니다.

**1** 쌀은 씻어서 15분간 물에 불린 뒤, 체에 밭쳐 15분간 둔다.

◎ 쌀은 물에 불린 후 물기를 뺀 상태에서 냉장고에 넣어두면 다음 날까지도 사용할 수 있습니다.

**2** 도미는 한입 크기로 어슷하게 저며 썬 후, 소금을 뿌려 20분간 재운 뒤, 물로 헹궈 물기를 제거한다.

◎ 밑간을 해야 간이 밴 밥과 잘 어우러집니다.

**3** 질냄비에 **1**의 쌀과 밥물 재료를 넣고 뚜껑을 덮은 뒤, 약불에 올린다. 국물이 끓으면 골고루 섞은 뒤, 다시 뚜껑을 덮고 불을 약하게 줄여 7분간 더 가열한다.

◎ 밥물이 넘치지 않도록 알루미늄 포일을 접어서 뚜껑 밑에 끼워 틈을 살짝 만들어두면 좋습니다.

**4** 표면에 수분이 남지 않으면 불을 더 약하게 줄여 7분간 더 가열한다. **2의 도미를 밥 위에 가지런히 올려 뚜껑을 덮은 뒤**, 아주 약한 불에 5분간 더 가열한다.

◎ 전기밥솥을 사용할 시에는 쾌속 취사로 짓습니다. 쾌속 취사가 없을 시에는 일반 취사로 지어도 됩니다.

**5** 밥이 다 지어지면 파드득나물을 흩뿌리듯 올리고 뚜껑을 덮어 5분간 뜸을 들인다.

◎ 중간에 뚜껑을 열 수 없는 전기밥솥의 경우, 밥이 지어진 후에 파드득나물과 도미를 올립니다.

**6** 밥을 살짝 섞어 그릇에 담는다.

◎ 도미를 절반 정도 먼저 건져내고 밥을 골고루 섞은 후, 그릇에 옮겨 담을 때 미리 건져낸 도미를 밥 위에 올리면 더 먹음직스러워 보입니다.

# 멸치 치즈 솥밥

칼슘이 풍부한 재료를 넣어 지은 솥밥만 있으면 건더기가 가득한 국 한 그릇만 곁들여도 훌륭한 한 끼 식사가 됩니다. 멸치 대신 구운 건조 전갱이나 저염 연어, 먹다 남아 소금을 뿌려 냉동 보관해둔 회를 넣어도 간편하게 한 끼를 해결할 수 있습니다.

**재료** (2~3인분)

쌀 … 2홉(300g)

밥물 [10 : 1 : 1]

  물 … 300ml

  우스구치 쇼유(국간장) … 30ml

  요리주 … 30ml

마늘(다진 것) … 2쪽 분량

잔멸치 … 40g

슬라이스치즈(녹는 타입) … 3장

실파(송송 썬 것) … 10줄기 분량

**1** 쌀은 씻어서 15분간 물에 불린 뒤, 체에 밭쳐 15분간 둔다.

**2** 전기밥솥에 쌀과 밥물 재료, 마늘을 넣고 **쾌속 취사**(없으면 일반 취사)로 밥을 짓는다.

**3** **밥이 다 되기 5분 전에 잔멸치를 밥 위에 골고루 뿌리고**, 슬라이스치즈를 얹는다(**a**). 그 위에 실파를 듬뿍 뿌린다. 밥이 다 되면 5분간 뜸을 들인 후, 재료를 골고루 섞는다(**b**).

◎ 중간에 뚜껑을 열 수 없는 전기밥솥의 경우, 밥이 다 지어진 후에 재료를 올리고 5분간 뜸을 들인다.

a 밥의 열기로 치즈를 녹인다. 마늘은 취향껏 향을 조절하거나 생략해도 된다.

b 부드러워진 잔멸치와 치즈, 실파를 재빠르게 섞는다.

# 버섯 솥밥

버섯을 끓인 물로 밥을 짓고, 밥이 다 되어갈 때쯤 각종 재료를 얹어 버섯의 풍미를 한껏 즐길 수 있는 요리입니다. 버섯을 미리 끓는 물에 한 번 데치면 맛이 깔끔해집니다. 특히 자연산 버섯은 이물질이나 잡균이 있을 수 있어 끓는 물에 꼭 한 번 데쳐야 합니다. 단, 송이버섯만큼은 갓 지은 밥 위에 생으로 올려 뜸을 들인 후에 먹어야 맛있습니다.

## 재료(2인분)

쌀 ⋯ 2홉(300g)

밥물 [10:1:1]

| 물 ⋯ 300ml
| 우스구치 쇼유(국간장) ⋯ 30ml
| 요리주 ⋯ 30ml

표고버섯(얇게 썬 것) ⋯ 2개 분량

팽이버섯(3cm 길이) ⋯ 2분의 1봉지 분량

만가닥버섯(밑동을 제거한 것) ⋯ 50g

잎새버섯(가닥가닥 찢은 것) ⋯ 50g

파드득나물(3cm 길이로 큼직하게 썬 것)
  ⋯ 5줄기 분량

유자 껍질(채 썬 것) ⋯ 적당량

**1** 쌀은 씻어서 15분간 물에 불린 뒤, 체에 밭쳐 15분간 둔다.

**2** 4가지 버섯은 체에 담아 끓는 불에 30초간 데친 후, 물기를 제거한다. 다른 냄비에 밥물 재료와 버섯을 넣고 한소끔 끓인 뒤, 체로 버섯을 건져 밥물과 분리해둔다(a).

**3** 전기밥솥에 쌀과 **2**의 밥물을 넣고 쾌속 취사(없으면 일반 취사)로 밥을 짓는다.

**4** 밥이 다 되면 **2**의 버섯을 올리고(b), 파드득나물을 흩뿌려 5분간 뜸을 들인다. 다 되면 밥을 골고루 섞어 그릇에 담고, 그 위에 유자 껍질을 얹는다.

a 밥물에 버섯의 향과 감칠맛이 배게 하면 버섯과 밥의 맛이 겉돌지 않고 풍미가 깊어진다.

b 버섯은 이미 한 번 익힌 상태이므로 마지막에 뜸을 들여 마무리하면 버섯 특유의 식감과 감칠맛을 제대로 살릴 수 있다.

# 미소 된장국의 '국물'은
# 재료가 결정한다

## 대표적인 돈지루(돼지고기 미소 된장국)

가정식 요리에서 육수를 쓸 기회가 가장 많은 음식 하면 미소 된장국을 비롯한 국 종류를 떠올리실 겁니다. 하지만 미소 된장국이야말로 육수를 따로 낼 필요가 없는 요리입니다. 국 재료에서 감칠맛이 우러나오는 데다 미소 된장 자체의 감칠맛까지 더해지기 때문입니다. 미소 된장에는 소금의 200배에 달하는 감칠맛이 들어 있습니다. 이런 미소 된장에 다른 재료들이 어우러져 혼연일체를 이루는 대표적인 음식이 바로 돈지루입니다.

**재료**(2~3인분)

돼지 삼겹살(3cm 길이) … 60g

무(1cm 너비로 십자썰기 한 것) … 100g

당근(1cm 너비로 십자썰기 한 것) … 30g

토란(한입 크기) … 100g

표고버섯(밑동을 잘라내고 4등분한 것)
　　… 3개 분량

곤약(숟가락으로 한입 크기로 뜬 것) … 70g

우엉(수세미로 문질러 씻은 뒤,
　　3mm 폭으로 송송 썬 것) … 30g

대파(1cm 너비로 송송 썬 것)
　　… 4분의 1대 분량

물 … 1리터

미소 된장 … 80g

## 노자키 씨의 팁

돈지루를 만들 때는 일반적으로 돼지고기를 기름에 볶아 감칠맛을 끌어내지만, 이번에 소개하는 방법으로 만들면 고기 속에 맛이 그대로 남아 있어 돼지고기 본연의 풍미를 충분히 즐길 수 있습니다. 만약 감칠맛이 조금 부족하다 느껴질 때는 국물용 멸치를 넣으세요. 2인분 기준으로 멸치 2~3마리의 머리와 내장을 제거하고 반으로 갈라 국물에 함께 넣고 끓입니다. 푹 끓인 멸치는 건져내지 말고 그대로 건더기로 먹으면 칼슘까지 챙길 수 있습니다.

**1**　무, 당근, 토란, 표고버섯, 곤약을 체에 넣고 끓는 물에 담가 데친 후, 건져서 물기를 제거한다.

◎ 우엉은 데치지 않습니다. 우엉에 남아 있는 흙 향기가 맛에 깊이를 더하기 때문입니다.

**2**　채소를 데친 물에 그대로 돼지고기를 넣어 **시모후리한 다음**, 찬물에 담갔다 건져서 물기를 제거한다.

◎ 이렇게 데친 돼지고기는 국물이 거의 다 끓었을 때 넣습니다. 채소가 푹 익을 때까지 함께 끓이면 고기가 맛없어집니다.

**3**　냄비에 물과 **1**, 우엉을 넣고 중불에 올린다. 끓으면 거품을 걷어내고 불을 살짝 줄인다.

◎ 국물이 보글보글 끓을 정도로 불을 조절하면서 뿌리채소를 익혀갑니다.

**4**　**미소 된장을 먼저 소량 풀어** 재료에 맛이 배게 한다.

◎ 미소 된장은 두 단계로 나누어 넣습니다. 여기서는 먼저 소량만 넣어 재료에 밑간을 입힙니다.

**5**　채소가 익으면 **2**의 **돼지고기와 대파를 넣는다.**

◎ 이때 데친 돼지고기를 넣어 뿌리채소의 깊은 맛이 우러난 국물과 잘 어우러지게 합니다.

**6**　**남은 미소 된장을 전부 풀어 넣은 후**, 그릇에 담는다.

◎ 남은 된장은 마지막에 넣어 된장 특유의 향과 풍미가 날아가지 않게 살려줍니다.

# '육수를 낼 필요가 없는' 계절별 미소 된장국

**봄** 아직 겨울의 흔적이 남아 있는 계절.
봄철 식재료의 쌉싸름한 풍미나 산뜻한 식감을 살려 만듭니다.

## 머윗대 돼지고기 된장국

머위 특유의 향과 쌉싸름한 맛이 매력적인 미소 된장국
으로, 돼지고기가 들어가 영양 면에서도 훌륭합니다. 쌀
쌀한 봄철에 더욱 잘 어울립니다.

### 재료 (2인분)

돼지 등심(3cm 길이) … 80g

삶은 머윗대(어슷썰기 한 것) … 30g

대파(1cm 폭으로 송송 썬 것) … 2분의 1대 분량

물 … 300ml

미소 된장 … 30g

**1** 돼지고기는 끓는 물에 담가 시모후리한 뒤, 찬물에 담갔다 건져
물기를 뺀다.

**2** 냄비에 물과 머윗대, 대파를 넣고 불에 올린 뒤, 끓으면 **1**의 돼지
고기를 넣고 미소 된장을 푼다. 한소끔 끓으면 그릇에 담는다.

## 양배추 유부 미소 된장국

양배추와 유부는 대표적인 조합이지만, 봄철 양배추는
잎이 연하면서도 아삭함이 남아 있어 가벼운 식감을 즐
길 수 있습니다.

### 재료 (2인분)

양배추(한입 크기) … 2장 분량

유부 … 2분의 1장

대파(1cm 폭으로 송송 썬 것) … 4분의 1대 분량

물 … 300ml

미소 된장 … 20g

**1** 유부는 세로로 반을 자른 뒤, 폭 5mm로 썬다.

**2** 냄비에 물과 양배추를 넣고 불에 올린 다음, 양배추가 익으면 **1**
의 유부를 넣고 1분 정도 끓인다.

**3** 미소 된장을 풀어 넣고 마지막으로 대파를 넣은 다음, 한소끔 끓
으면 그릇에 담는다.

## 구운 가지와 양하, 토마토를 넣은 미소 된장국

여름이 제철인 가지와 양하 그리고 감칠맛 성분이 풍부한 토마토를 넣어 조림처럼 만든 국입니다.

### 재료(2인분)

가지 … 1개
토마토 … 2분이 1개
양하(세로로 반 가른 것) … 1개 분량
푸른 차조기잎 … 2장
물 … 300ml
미소 된장 … 20g

1 가지는 그릴에 노릇하게 구운 뒤, 찬물에 헹궈 껍질을 벗긴다.

2 토마토는 끓는 물에 살짝 데쳐 껍질을 벗긴 후, 한입 크기로 썬다.

3 냄비에 물과 미소 된장, 1의 가지, 2의 토마토, 양하를 넣고 불에 올린 후, 한소끔 끓으면 푸른 차조기잎을 손으로 뜯어 넣어 그릇에 담는다.

## 토마토와 양상추를 넣은 미소 된장국

익힌 양상추의 기분 좋은 식감이 특징인 된장국입니다. 감칠맛이 가득한 두유를 넣어 식물성 단백질도 섭취할 수 있습니다.

### 재료(2인분)

토마토 … 작은 것 1개
양상추 … 2장
대파 … 3분의 1대

A
물 … 200ml
무조정 두유 … 100ml
미소 된장 … 20g

간 생강 … 1작은술

1 냄비에 A를 넣고 미소 된장을 풀어 섞는다.

2 토마토는 살짝 데쳐 껍질을 벗긴 후 4등분하고, 양상추를 손으로 큼직하게 찢는다. 대파는 흰 부분을 4cm 길이로 가늘게 채 썬다.

3 1의 냄비에 2의 양상추를 넣고 불에 올린 뒤, 끓어오르면 토마토를 넣고 불을 끈다. 그릇에 옮겨 담고, 간 생강과 채 썬 대파를 올린다.

**가을** 수확의 계절.
추운 겨울을 앞둔 이 계절에는 국물이 조금 진하면서 고소한 미소 된장국을 추천합니다.

## 구운 닭고기와 셀러리, 대파를 넣은 미소 된장국

미나리의 친척이라 할 수 있는 셀러리. 풍부한 향과 익히면 감칠맛으로 변하는 쌉싸름한 맛이 닭고기와 잘 어울립니다.

### 재료 (2인분)

| | |
|---|---|
| 닭 다리 살 … 25g짜리 8조각 | 물 … 300ml |
| 셀러리 … 50g | 미소 된장 … 30g |
| 대파 … 3분의 1대 | 굵게 간 흑후추 … 적당량 |

**1**  닭고기는 그릴에 **노릇노릇하게 구워둔다.**

**2**  셀러리는 1cm 폭으로 자르고, 대파는 어슷하게 썬다.

**3**  냄비에 물과 **1**의 닭고기, **2**의 셀러리와 대파를 넣고 불에 올린다. 끓어오르면 불을 약하게 줄이고 미소 된장을 풀어 넣는다. **1분간 더 끓인 후,** 그릇에 담고 흑후추를 뿌린다.

## 구운 연어와 버섯을 넣은 미소 된장국

저염 연어에 든 염분과 맛의 균형을 맞추도록 된장은 교토산 시로미소(염분이 적으며 은은하고 고급스러운 단맛이 특징인 미소 된장-옮긴이)를 사용했습니다. 저염 연어와 교토산 시로미소의 조화로운 맛을 꼭 경험해보세요.

### 재료 (2인분)

| | |
|---|---|
| 저염 연어 … 1토막 | 교토산 시로미소 … 40g |
| 만가닥버섯 … 2분의 1팩 | 파드득나물(3cm 길이로 썬 것) |
| 물 … 300ml | … 6줄기 분량 |

**1**  만가닥버섯은 밑동을 자르고 가닥가닥 찢어 **끓는 물에 살짝 데친 뒤,** 물기를 뺀다(다른 버섯을 사용해도 좋다).

**2**  저염 연어는 그릴에 구워 뼈를 발라내고 살을 큼직하게 으깨둔다.

**3**  냄비에 물과 **1**의 버섯, **2**의 연어를 넣고 중불에 올린다. 끓기 시작하면 시로미소를 풀어 넣는다. 마지막에 파드득나물을 넣어 그릇에 담는다.

## 낫토와 참마를 넣은 미소 된장국

끈적끈적한 낫토나 참마를 넣기만 해도 겨울철에 어울리
는 걸쭉한 국물이 만들어집니다.

**재료**(2인분)

낫토 ⋯ 50g
참마(간 것) ⋯ 45ml
물 ⋯ 300ml
미소 된장 ⋯ 15~20g
파드득나물(3cm 길이로 썬 것) ⋯ 3줄기 분량

**1**  낫토는 식칼로 가볍게 두드려 감칠맛과 끈적끈적한 식감을 끌어
낸다.

**2**  냄비에 물과 **1**을 넣고 약불에 은근하게 가열하다가 끓어오르면
미소 된장을 풀어 넣는다.

**3**  파드득나물을 넣고, 다시 팔팔 끓기 직전에 참마를 넣어 바로 그
릇에 담는다.

## 고구마 미소 된장국

건더기가 가득한 국물을 커다란 그릇에 한가득 담아 조
림이나 간식 대신 드셔보세요.

**재료**(2~3인분)

고구마(2cm 두께) ⋯ 50g          돼지 삼겹살(3cm 길이) ⋯ 50g
무(1cm 두께) ⋯ 50g              물 ⋯ 500ml
당근(1cm 두께) ⋯ 30g            미소 된장 ⋯ 35~40g
우엉(송송 썬 것) ⋯ 30g          쪽파(3cm 길이) ⋯ 1대 분량

**1**  체에 고구마, 무, 당근을 넣고 끓는 물에 2분 정도 데친 뒤 건져
물기를 제거한다.

**2**  **1**에서 사용한 물에 돼지고기를 넣고 시모후리한 다음, 찬물에 헹
궈 물기를 뺀다.

**3**  냄비에 물을 붓고, **1**의 채소와 우엉을 넣어 불에 올린다. 채소가
부드럽게 익으면 **2**의 돼지고기를 넣고, 미소 된장을 풀어 넣는다. 마
지막에 쪽파를 넣어 그릇에 담는다.

# 미리 만들어두면 편리한 식재료

미리 만들어두기만 해도 요리가 한결 수월해지는 노자키 씨의 3가지 아이디어를 소개합니다.

## 1

감칠맛이 부족할 때,
육수가 필요할 때

### 가다랑어 술

### 재료

청주 … 200ml
볶은 가다랑어포 … 10g

깨끗한 병에 재료를 담고 하룻밤 이상 재운다. 이렇게 만든 가다랑어 술 15ml와 물 200ml를 섞으면 육수 대용으로 쓸 수 있다. 술이므로 상온에서 1개월간 보관할 수 있다.

## 2

덴가쿠 미소*나 누타**를
간단하게 만들고 싶을 때

### 타마 미소

### 재료

신슈 미소 된장 … 100g
달걀노른자 … 1개
미림 … 15ml
설탕 … 3큰술

냄비에 재료를 넣고 실리콘 주걱으로 섞는다. 조금 약한 중불에 올린 뒤, 주걱으로 저어가며 설탕을 녹이다가 보글보글 끓기 시작하면 3분 정도 더 치대며 끓인다. 주걱으로 떴을 때 흘러내리지 않을 정도가 되면 완성이다. 완성된 타마 미소를 상온까지 식힌다. 냉장고에서 1개월간 보관할 수 있다.

◎ 타마 미소에 식초를 섞으면 누타에 쓸 양념이 되고, 산초 새순을 갈아 넣으면 덴가쿠 미소가 됩니다. 또 참기름을 섞으면 회과육에 어울리는 미소 된장 양념도 됩니다!

* 된장에 설탕, 청주, 미림 등을 넣어 달콤하게 졸인 양념 된장으로, 덴가쿠(꼬치구이) 요리에 바르거나 두부·가지 구이 등에 듬뿍 얹어 먹는다. -옮긴이

** 데친 해산물이나 파, 미역 등을 초된장에 버무린 일본의 무침 요리로, 걸쭉한 양념이 특징이다. -옮긴이

## 3

요리에 포인트를 주고 싶거나
채소가 부족할 때

### 모둠 향신 채소

### 재료

푸른 차조기잎(가로로 가늘게 채 썬 것)
 … 10장 분량
생강(다진 것) … 60g
쪽파(송송 썬 것) … 6대 분량
무순(2.5cm 길이) … 1팩 분량
양하(세로로 반을 갈라 송송 썬 것)
 … 6개 분량

재료를 넉넉한 양의 찬물에 5분간 담갔다가 건져서 물기를 제거한다. 키친타월을 깐 용기에 담아 뚜껑을 덮은 채로 냉장실에 넣으면 3~5일간 보관할 수 있다.

◎ 가다랑어 다타키(→p.52)에 채소 대신 곁들이거나 맑은국에 넣어도 되고, 연두부·소바·우동·미소 된장국 등에 고명으로 사용해도 좋습니다. 소박한 간장달걀밥에도 모둠 향신 채소를 올리면 그럴싸한 일품요리가 됩니다.

# 2

# 요리,

## 이렇게만 해도 되는구나!

‘음식이 맛있는지 맛없는지’를 결정하는 요소에는 맛 · 식감 · 향이 있는데, 그중에서도 ‘향’이 매우 중요합니다. 예를 들어 코를 막고 음식을 먹으면 맛을 제대로 느끼지 못합니다. 그리고 풍부한 향을 즐기기에는 갓 만든 음식만 한 것이 없지요. 그런 면에서 볼 때, 집에서는 늘 갓 만들어 최고의 상태인 음식을 맛볼 수 있으니 여러분도 매일 즐겁게 요리해보시기 바랍니다.

그렇다면 왜 음식점에서는 집에서처럼 만들 수 없을까요? 그건 주문이 들어오면 손님에게 요리를 곧바로 낼 수 있도록 미리 재료를 손질해두어야 하기 때문입니다. 제1장에서 언급했듯이 음식점에서 다시마와 가다랑어포로 육수를 우려두는 이유도 바로 쓸 수 있게 준비해두어야 해서입니다. 게다가 ‘육수 8, 간장 1, 미림 1’의 비율로 섞어두면 여러 요리에 두루두루 쓸 수 있는 만능 육수가 되기도 하거든요.

제2장에서는 요리를 만들어 먹는 즐거움을 직접 만끽하실 수 있도록 요리의 난도를 낮추는 방법이나 아이디어를 소개할 예정입니다. 여기에서도 제1장과 마찬가지로 육수를 따로 내지는 않습니다. 여러분이 꼭 알아두셨으면 하는 점은 슈퍼마켓을 우리 집 냉장고처럼 활용하며 늘 신선한 재료만을 사용할 것, 그리고 그 신선한 재료를 너무 오래 익히지 말 것, 이 2가지입니다. 요즘 시대에는 슈퍼마켓에서 품질이 떨어지는 상품을 판매하지 않습니다. 특히 생선은 토막 생선이나 횟감이나 모두 신선하며, 아예 생선 한 마리를 통째로 손질해주는 가게도 많으니 잘 활용해보시기 바랍니다.

**포인트 ❶**

### 슈퍼마켓에서 파는 식재료는 신선하다!

요즘처럼 유통이 발달한 시대에는 슈퍼마켓을 더 적극적으로 활용하세요. 육류와 수산물 모두 품질이 좋은 상품만을 판매합니다. 게다가 특정 시간대에는 할인된 가격으로 살 수 있고요. 특히 생선은 신선할 상태일 때 조리해두는 것이 좋으니 요리에 쓰고 남은 생선은 소금을 뿌려 구운 뒤 냉동 보관해두세요. 나중에 조림이나 솥밥 등에 활용할 수 있어 편합니다.

**포인트 ❷** 

### 너무 오래 익히지 않는다

생선이나 고기 등에 든 단백질은 가열하면 약 60℃부터 변성되어 세포가 파괴되고 수분이 나오기 시작합니다. 고온에서 너무 오래 가열하면 수분이 빠져나가 육즙이 줄어들어 식감이 퍽퍽해집니다. 그러므로 요리의 마무리 단계에 넣거나 도중에 잠시 건졌다가 마지막에 다시 넣는 식으로 조리해서 과하게 익히지 말아야 합니다. 이것이 제가 생각하는 요리의 원칙입니다.

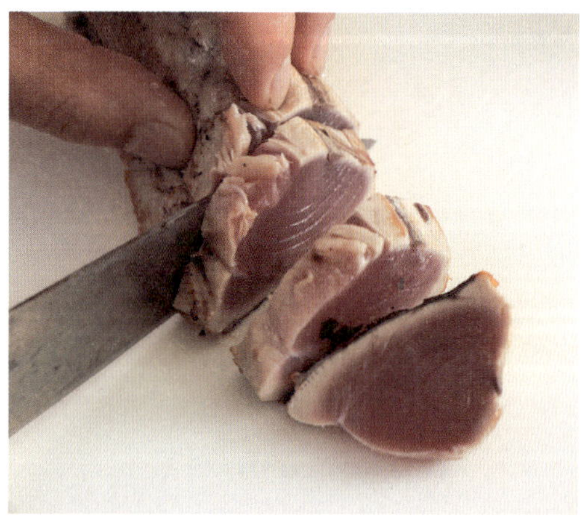

# 참치는 '덩어리째 파는 횟감용 붉은 살'이 좋다

## 참치 스테이크

여러분, 참치의 붉은 살(기름기가 적은 담백한 부위로, 주로 등살을 지칭한다.–옮긴이)은 버터나 기름과 함께 조리하면 질 좋은 살코기 같은 맛이 난다는 사실을 아시나요? 이번에는 요리명 그대로 참치가 소고기 스테이크처럼 변신하는 요리를 소개합니다. 속까지 너무 익지 않도록 참치를 덩어리째 굽다가 도중에 꺼내는 것이 핵심으로, 레어 상태가 되도록 잔열로 마저 익힙니다. 참치의 감칠맛과 촉촉한 식감을 꼭 한번 즐겨보세요.

## 재료 (2인분)

참치 붉은 살(횟감용 덩어리) … 200g

마늘(얇게 썬 것) … 1쪽 분량

버터 … 30g

요리주 … 50ml

간장 … 15ml

푸른 차조기잎(가늘게 채 썬 것) … 5장 분량

소금 … 적당량

밀가루 … 소량

식용유 … 1큰술

곁들임 채소(크레송·샐러드용 어린잎 채소)
　　… 각각 적당량

## 노자키 씨의 팁

참치의 붉은 살은 칼로리는 낮고 양질의
단백질이 풍부하게 함유되어 있습니다.
게다가 슈퍼마켓에서 구하기도 쉽고, 특
히 '횟감용 덩어리'는 가격이 저렴한 데다
활용도가 높아 추천합니다.

**1**　참치 붉은 살은 전면에 소금을 뿌려
20~30분간 재워둔다. 물로 깨끗이 씻은 다
음, 키친타월로 물기를 제거한 후 조리용 붓
으로 밀가루를 얇게 입힌다.

◎ 조리용 붓을 사용하면 여분의 밀가루를 털어
낼 수 있어 맛이 깔끔해집니다. 조리용 붓 중에서
도 실리콘 붓이 세척하기가 편합니다.

**2**　프라이팬에 식용유와 마늘을 넣고 불에
올린다. 마늘의 향이 올라오면 **1**의 참치를 넣
는다.

◎ 이 단계에서는 참치 표면만 빠르게 익히기 위
해 달궈진 기름에 넣습니다.

**3**　겉면이 전체적으로 노릇노릇하게 구워지
면 키친타월로 프라이팬의 기름을 닦아낸다.

◎ 프라이팬을 키친타월로 닦으면 기름기와 잡
내, 불순물이 제거되어 맛이 한결 깔끔해집니다.

**4**　버터를 넣은 뒤, 버터가 반쯤 녹으면 요리
주를 부어 끓인 뒤 간장을 넣는다.

◎ 버터가 다 녹기 전에 요리주를 넣어야 버터가
타지 않고 특유의 고소한 풍미가 잘 유지됩니다.

**5**　한소끔 끓으면 참치를 일단 건지고, 푸른
차조기잎을 넣어 소스를 졸인다. 소스가 걸쭉
해지고 색이 진해질 때까지 졸인다.

◎ 참치를 그대로 계속 구우면 식감이 퍽퍽해지
므로 중간에 건져서 잔열로 속까지 익힙니다.

**6**　**5**의 참치를 다시 넣고, 소스를 골고루 묻
힌다. 먹기 좋은 크기로 썰어 그릇에 옮겨 담
고, 남은 소스를 끼얹은 후, 곁들임 채소를 함
께 올린다.

◎ 참치는 이미 잔열로 속까지 익힌 상태이므로
마지막에 소스가 골고루 묻도록 살짝 버무리기만
하면 됩니다.

# 참치와 오크라, 참마를 올린 덮밥

회는 따끈따끈한 밥과 함께 먹을 때 가장 맛있습니다. 이번 레시피에서는 간장에 버무려 수분이 살짝 빠져나가 맛이 진하게 응축된 참치, 그리고 후루룩 넘어가는 부드러운 식감의 오크라와 참마를 밥 위에 함께 올렸습니다. 참치를 2cm 크기로 깍둑썰기 하면 먹기도 편하고 씹는 맛도 좋습니다.

## 재료 (2인분)

참치 붉은 살(횟감용 덩어리) … 160g

참마(껍질 벗긴 것) … 100g

오크라 … 6개

따끈한 밥 … 2공기 분량

간장 … 적당량

가늘게 채 썬 김·와사비
　　… 각각 적당량

**1** 참치는 2cm 크기로 깍둑썰기 한 뒤, 간장에 버무려 그대로 5분간 재워둔다(**a**). 그 후 체에 밭쳐 간장 국물을 따라낸다.

**2** 오크라는 끓는 물에 살짝 데친 후, 세로로 반을 가른 뒤, 숟가락으로 씨를 제거한 후 칼로 잘게 다진다. 참마는 비닐봉지에 넣어 밀대 등으로 두드린다(**b**).

**3** 그릇에 밥을 담고 김을 뿌린 후에 **1**의 참치를 담고 **2**의 오크라와 참마를 얹는다. 김과 와사비를 올린 뒤, 간장은 취향껏 뿌린다.

**a** 참치는 너무 오래 재우지 않는다! 간이 배고 표면의 수분이 살짝 빠지는 5분이 적당하다.

**b** 참마는 부드러워서 밀대로 두드리면 자연스럽게 으깨진다. 이렇게 으깨면 단면이 불규칙해 칼로 썰 때보다 양념이 더 잘 배어 맛이 좋다.

# 참치 오리베 누타

'오리베'는 주로 녹색 유약을 입힌 도자기를 뜻하는 말입니다. 녹색 소스를 그 도자기 색에 비견해 멋스러운 이름을 붙여보았습니다. 소스에 식초를 사용하므로 참치도 식초에 살짝 헹궈내듯 담갔다 꺼내면 소스의 맛이 훨씬 잘 어우러집니다. 이때 식초에 너무 오래 담가두면 참치의 단백질이 하얗게 변하고 살도 단단해지니 주의하세요.

## 재료 (2인분)

참치 붉은 살(횟감용 덩어리) … 100g
참마(껍질을 벗겨 2cm 길이의 네모난 막대 모양으로 썬 것) … 10개
소금·식초 … 각각 적당량
그린 소스

　쪽파 … 15g
　타마 미소(→p.40) … 30g
　식초 … 2분의 1큰술
　연겨자(가루 겨자를 물에 갠 것)
　　… 2분의 1작은술

**1** 참치는 전면에 소금을 얇게 뿌려 20~30분간 재워두었다가 물로 씻어낸 다음, 키친타월로 물기를 제거한다. 조리하기 직전에 폭 3cm, 두께 1.5cm 크기로 네모나게 썰어 식초에 3분 정도 담갔다가(a) 물기를 닦아낸다.

**2** 그린 소스를 만든다. 쪽파를 푸드프로세서에 넣어 페이스트 상태가 될 때까지 간다.

**3** 작은 내열 용기에 식초를 붓고 전자레인지에 10초간 돌려 한소끔 끓인다. 식초가 식으면 타마 미소, 연겨자, **2**의 쪽파 페이스트를 넣어 섞는다.

**4** 그릇에 **1**의 참치, 참마를 담고 **3**의 그린 소스를 뿌린다.

a 참치는 표면에 살짝 하얀빛이 돌 때까지만 식초에 짧게 담가야 소스와 맛이 겉돌지 않고 잘 어우러진다.

# 참치 생간장 누룩 절임

매일 요리를 즐겁게 하려면 시판 조미료를 활용하는 것도 좋은 방법입니다. 이번에 사용할 제품은 '생간장 누룩'입니다. 조금 번거롭더라도 참치를 뜨거운 물에 살짝 데치는 과정을 거치면 전문 요리사에 버금가는 요리를 뚝딱 만들어 낼 수 있습니다. 모둠 향신 채소를 듬뿍 올리고, 드레싱 오일 대신 캐슈너트를 뿌려서 함께 드셔보세요.

### 재료(2인분)

참치 붉은 살(횟감용 덩어리) … 200g

생간장 누룩(시판 제품) … 120g

참기름 … 소량

모둠 향신 채소(→p.40) … 적당량

캐슈너트(잘게 부순 것) … 40g

◎ 참치는 먹고 남은 회를 사용해도 됩니다. 생간장 누룩의 양은 입맛에 맞게 조절하세요.

**1**  참치는 한입 크기로 잘라 70℃의 뜨거운 물에 10~15초간 살짝 담근 뒤, 색이 변하면 찬물에 헹군 후 물기를 닦아낸다.

**2**  생간장 누룩(**a**)과 참기름을 섞어 트레이에 얇게 깐다. **1**의 참치를 가지런히 올리고, 윗면에도 생간장 누룩과 참기름을 섞어 바른 뒤(**b**), 그대로 15분간 절인다. 도중에 한 번 뒤집어준다.

**3**  **2**의 절인 참치를 모둠 향신 채소와 함께 그릇에 담고, 캐슈너트를 뿌린다.

a '생간장 누룩'이 많이 짜지 않아서 이것만으로도 충분히 간을 맞출 수 있다.

b 트레이에 생간장 누룩을 얇게 깔고 참치를 올린 뒤, 참치 윗면에도 생간장 누룩을 얇게 바르면 적은 양으로도 충분히 간을 맞출 수 있다.

# 참치 파 버무리

생간장 누룩을 이용한 또 다른 요리로, 3가지 재료만 있으면 충분합니다. 생간장 누룩에 절인 참치에 쪽파를 듬뿍 넣어 버무리기만 하면 됩니다. 술안주나 밥반찬으로도 잘 어울리지요. 쪽파 대신 살짝 데친 파드득나물이나 양하를 다져 넣어도 맛있습니다.

## 재료(2인분)

침치 붉은 살(횟감용 덩어리) … 100g
생간장 누룩 … 50g
쪽파(송송 썬 것) … 5줄기 분량

**1**  참치는 2cm 크기로 네모나게 썬 다음, 생간장 누룩에 버무려 15분 정도 절인다(a).

**2**  1에서 참치를 절인 국물을 따라내고, 참치를 다른 볼로 옮겨 담은 후 준비한 쪽파를 넣고 골고루 버무려 그릇에 담는다.

**a** 참치는 미리 소금을 뿌리거나 식초에 담그지 않고, 생간장 누룩에 바로 절이면 된다.

# 가다랑어 제대로 먹는 법을 알려드립니다

## 가다랑어 튀김

가다랑어도 참치처럼 조리할 때 기름을 함께 쓰면 고기처럼 진한 맛을 냅니다. 다만, 너무 오래 익히면 식감이 퍽퍽해지지요. 이번 레시피에서는 가다랑어 튀김을 만드는데, 특히 가다랑어 표면을 고소하게 튀겨냅니다. 튀김옷을 입혀 가다랑어를 간접적인 열로 부드럽게 익히므로 겉은 바삭하고 속은 촉촉한 레어 상태가 되어 아무리 먹어도 질리지 않습니다. 주방에서 튀기자마자 바로 먹을 수 있는 맛있는 가정식 요리입니다.

## 재료(2인분)

가다랑어(횟감용 덩어리. 두툼한 것)
　　… 200g

소금·후추 … 각각 적당량

밀가루·달걀물·빵가루 … 각각 적당량

튀김용 기름 … 적당량

어린잎 채소·연겨자
　　(가루 겨자를 물에 갠 것) … 각각 적당량

일본식 튀김 소스(우측 하단 참조)
　　… 적당량

## 노자키 씨의 팁

참치나 여름에 잡히는 방어로 만들어도 맛있습니다. 특히 여름에 잡히는 방어는 비록 '제철'은 아니지만, 기름기가 적고 담백해서 튀김 요리에 잘 어울립니다. 저렴하게 살 수 있으니 꼭 한번 사용해보세요.

**1**　가다랑어 덩어리는 반으로 자른 뒤, 양면에 소금과 후추를 살짝 뿌린다. 조리용 붓으로 밀가루를 얇게 묻힌다.

◎ 속까지 너무 익지 않도록 두툼한 가다랑어를 사용하는 것이 좋습니다.

**2**　가다랑어에 꼬치를 꽂아 달걀물에 적신 후, 트레이에 담긴 빵가루를 묻힌다.

◎ 젓가락을 사용하면 젓가락으로 집은 부분의 달걀물이나 튀김옷이 벗겨질 수 있으니 대나무 꼬치를 쓰는 것이 좋습니다.

**3**　튀김옷을 다 입힌 모습이다.

◎ 빵가루를 위에서 듬뿍 뿌린 뒤 살짝 누르면 잘 입혀집니다.

**4**　튀김용 기름을 175~180℃로 달군 후, **3**의 가다랑어를 튀김옷이 바삭해질 때까지 튀긴다.

◎ 빵가루 자체는 이미 열이 가해진 상태이므로 튀김옷이 고소하고 노릇노릇하게 튀겨지면 바로 꺼냅니다.

**5**　튀김을 식힘 망에 건져 기름기를 뺀다. 먹기 좋은 크기로 썰어 어린잎 채소와 함께 그릇에 옮겨 담고, 연겨자와 일본식 튀김 소스를 곁들인다.

◎ 튀김을 썰 때는 튀김옷이 벗겨지지 않도록 먼저 칼날의 아래쪽(손잡이 쪽)을 가다랑어에 밀어 넣어 단숨에 자르세요.

## 일본식 튀김 소스

작은 냄비에 간 양파 50g, 간 마늘 2쪽 분량, 간장 90ml, 사과식초(혹은 곡물 식초) 40ml, 미림 30ml, 설탕 15g을 넣고 불에 올린다. 끓어오르면 불을 약불로 줄여 5분 정도 더 가열한 후, 전분물을 적당량 넣어 농도를 맞춘다. 냉장실에 약 2주간 보관할 수 있다.

# 프라이팬으로 만드는 가다랑어 다타키

혹시 가다랑어 다타키는 불에 직접 구워야 하니 가스레인지가 더러워질까봐 엄두를 못 내고 계셨나요? 그냥 프라이팬에 구우면 됩니다. 구운 후에는 식을 때까지 기다리지 말고 따끈따끈한 상태에서 바로 썰어 드셔보세요. 부드러운 식감과 감칠맛이 입안 가득 퍼져 정말 맛있습니다. 식은 후에는 오히려 풍미가 떨어진답니다. 마치 샐러드 같은 느낌으로 향신 채소를 듬뿍 넣어 간장 마요네즈 소스에 함께 찍어 먹는 일품요리입니다.

## 재료(2~3인분)

가다랑어(껍질이 붙은 횟감용 덩어리)
    … 300g
모둠 향신 채소(→p.40) … 적당량
오이 … 1개
밀가루·식용유 … 각각 적당량
간장 마요네즈 소스
  │ 간장 … 30g
  │ 마요네즈 … 15g
  │ 간 생강 … 5g

## 노자키 씨의 팁

가다랑어에서 가장 맛있는 부위는 껍질과 살 사이입니다. 하지만 일반 슈퍼마켓에서는 보통 껍질을 제거한 가다랑어를 판매하는 경우가 많으므로 '껍질이 붙은 가다랑어'를 미리 주문해두는 것이 좋습니다. 간장 마요네즈 소스보다 산뜻한 맛을 원할 때는 62쪽에 실린 '간단 폰즈 소스'를 이용해보세요. 다만, 고추기름 대신 참기름을 넣습니다.

**1** 오이는 얇고 둥글게 썰어서 2% 농도의 소금물에 담갔다가 건져서 물기를 꼭 짠다.

◎ 간장 마요네즈 소스를 뿌려서 먹는 요리이므로, 아삭하고 깔끔한 오이가 맛의 균형을 잡아줍니다.

**2** 가다랑어는 표면의 물기를 닦아내고 껍질 쪽에 소금을 뿌린 후, 조리용 붓으로 밀가루를 얇게 입힌다.

◎ 밀가루를 입혀야 프라이팬에서 구워도 표면의 고소한 풍미가 살아납니다.

**3** 프라이팬에 기름을 얇게 둘러 강불에 달군 뒤, **2**의 가다랑어를 껍질 쪽이 바닥을 향하게 올려 노릇노릇하게 굽는다.

◎ 껍질과 살 사이의 가장 맛있는 부분이 제대로 구워지도록 가장 먼저 굽습니다.

**4** 가다랑어의 방향을 바꿔가며 구우면서 중간에 키친타월로 프라이팬에 남은 기름을 닦아낸다.

◎ 생선은 특히 불순물이 많이 생겨 기름이 타기 쉬우므로 깨끗이 닦아야 합니다.

**5** 껍질을 제외한 다른 부분은 전체적으로 하얗게 변할 정도로만 구우면 된다.

◎ 껍질을 굽는 동안에도 잔열로 속까지 익으므로 겉면은 살짝만 구워도 충분합니다.

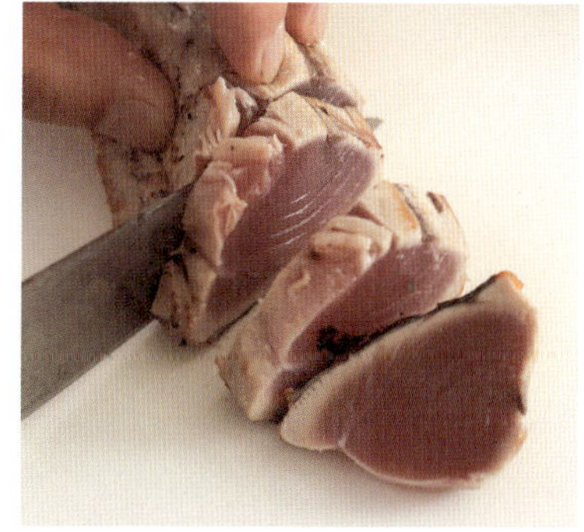

**6** 가다랑어가 아직 뜨거울 때, 껍질이 바닥을 향하게 놓은 다음 먹기 좋은 크기로 썰어 그릇에 담는다. 곁들여 먹을 향신 채소와 **1**의 오이를 함께 담고, 간장 마요네즈 소스를 뿌린다.

◎ 바싹 구운 껍질 쪽이 바닥에 가게 놓아야 칼날이 쓱 들어가 깔끔하게 썰립니다.

# 반건조 가다랑어와 순무 조림

큼직한 가다랑어 덩어리를 사 오셨다면 반건조 가다랑어를 한꺼번에 만들어보시는 건 어떨까요? 그대로 먹어도 되고, 조림으로 만들어도 좋습니다. 소금을 뿌려서 찌기만 하면 손쉽게 만들 수 있으니, 회나 다타키로 먹고 남은 덩어리가 있다면 아직 신선할 때 반건조 상태로 만들어 보관하는 것도 좋은 방법입니다. 냉동 보관도 가능하므로 매일 해야 하는 식사 준비가 한결 수월해질 것입니다.

### 재료 (2인분)

반건조 가다랑어(만들기 쉬운 분량)
| 가다랑어(덩어리) … 원하는 양
| 소금 … 적당량
순무(잎이 달린 것) … 2개
조림 국물
| 물 … 400ml
| 요리주 … 100ml
| 우스구치 쇼유(국간장) … 2큰술 미만
| 다시마 … 가로세로 10cm 크기 1장
유자 껍질(채 썬 것) … 적당량

### 노자키 씨의 팁

순무 껍질은 섬유질이 많아 질기므로 부드러운 속살에 질긴 껍질이 남아 있으면 먹을 때 식감의 차이가 두드러져 맛이 떨어집니다. 그러므로 아래 사진처럼 섬유질 안쪽까지 깎아내듯 껍질을 두껍게 벗겨야 합니다. 순무 껍질은 버리지 말고 미소 된장국 건더기로 쓰거나 우엉 조림 (→p.74)처럼 만들어 먹으면 좋습니다.

**1** 반건조 가다랑어를 만든다. 가다랑어는 50g씩 잘라 양면에 소금을 뿌려 30분간 재운다.

◎ 가다랑어는 껍질이 없어도 상관없습니다. 조금 두툼하게 썰어서 밑간을 합니다.

**2** 물에 씻은 다음 트레이에 가지런히 올리고, 찜기에 15분간 찌면 반건조 가다랑어가 완성된다.

◎ 냉동 보관도 가능합니다. 한 김 식으면 한 토막씩 랩으로 싸서 냉동실에 보관하세요. 조림에 넣을 때는 해동하지 않고 냉동실에서 바로 꺼내 조림 국물에 넣습니다.

**3** 순무는 줄기를 4cm 정도 남기고 잎을 잘라낸 뒤, 순무 알은 껍질을 두툼하게 벗겨 4등분한다. 잎은 3장을 골라 5cm 길이로 썰어 알과 함께 1분간 데친 뒤 물기를 뺀다.

◎ 순무는 익는 데에 시간이 조금 걸리므로 미리 데쳐둡니다.

**4** 냄비에 조림 국물, **2**의 반건조 가다랑어 2토막, **3**의 순무 알을 넣고 불에 올린다. 끓기 시작하면 약불에서 10분간 조린 뒤 그릇에 담는다. 순무 잎과 유자 껍질을 고명으로 올린다.

◎ 맛있는 조림 국물도 듬뿍 떠서 함께 드세요.

반건조 가다랑어로 만드는 일품요리
# 반건조 가다랑어 오이무침

### 재료 (2인분)

반건조 가다랑어(상단 참조) … 2토막
생강(채 썬 것) … 30g
푸른 차조기잎(채 썬 것) … 4장 분량
오이(얇고 둥글게 썬 것) … 1개 분량
물·간장·식초 … 각각 1큰술
소금 … 적당량

**1** 생강과 푸른 차조기잎은 물에 가볍게 헹군 후, 물기를 뺀다. 오이는 소금으로 문지른 뒤, 물로 헹군 후 물기를 짠다.

**2** 식초는 작은 내열 볼에 담아 전자레인지에 10초 돌려 신맛을 날린 뒤 식힌다. 여기에 물과 간장을 섞어 산바이즈(식초에 간장과 설탕 혹은 미림을 섞은 양념으로, 초간장과 비슷하다.-옮긴이)를 만든다.

**3** 반건조 가다랑어를 굵게 으깬 뒤, **1, 2**와 함께 버무려 그릇에 담는다.

# 가다랑어와 두부 간편 조림

가다랑어에 소금으로 미리 밑간해두면 재료를 넣고 불에 올린 지 5분도 채 되지 않아 조림이 완성됩니다. 가다랑어의 동물성 이노신산과 두부·표고버섯·대파의 식물성 글루탐산이 상승효과를 일으켜 담백하면서도 깊은 맛을 선사합니다. 가다랑어는 두툼하게 썰고, 너무 오래 익히지 않는 것이 포인트입니다.

## 재료 (2인분)

가다랑어 ⋯ 40g짜리 2토막
두부(4등분한 것) ⋯ 4분의 1모 분량
표고버섯(밑동을 제거한 것) ⋯ 2개
대파(4cm 길이) ⋯ 4토막
삶은 머윗대(4cm 길이) ⋯ 4토막
조림 국물 [15:1:0.5]
　물 ⋯ 300ml
　우스구치 쇼유(국간장) ⋯ 20ml
　요리주 ⋯ 10ml
　다시마 ⋯ 가로세로 4cm 크기 1장
소금 ⋯ 적당량
생강(채 썬 것) ⋯ 적당량

**1** 가다랑어는 양면에 **소금을 뿌린 뒤 30분간 재운다.**

**2** 대파는 옆면에 비스듬하게 칼집을 낸다. 표고버섯과 함께 끓는 물에 살짝 데친 후 물기를 뺀다. 대파와 표고버섯을 데친 물에 **1**의 가다랑어를 **시모후리한 후,** 찬물에 헹궈 물기를 뺀다(a).

**3** 냄비에 조림 국물 재료, 두부, **2**의 가다랑어·대파·표고버섯을 넣고 불에 올린다. **끓어오르면 불을 약불로 줄여 2분간 더 조린다(b).** 마지막으로 머윗대를 넣어 1분간 조린 뒤, 그릇에 담고 생강채를 올린다.

**a** 가다랑어는 표면이 살짝 하얗게 변할 정도로만 데친 뒤, 찬물에 헹궈 물기를 뺀다.

**b** 냄비 선택이 중요하다. 재료가 조림 국물에 푹 잠길 수 있는 크기의 냄비를 사용한다.

# 모둠회로 만드는 고급 솥밥

요즘은 유통망이 발달해서 슈퍼마켓에서 파는 상품은 모두 신선합니다. 특히나 생선은 어찌나 신선한지 예전과 비교할 수 없을 정도지요. 팩에 담긴 모둠회도 저녁 시간대에는 저렴하게 살 수 있으니 적극적으로 활용해보세요. 이번에 소개할 솥밥은 생선을 밥솥에 넣는 타이밍이 핵심입니다. 이것만 잘 지키면 마치 고급 일식집 코스 요리의 마무리 단계에 나오는 식사 메뉴 같은 맛을 낼 수 있습니다. 밥공기에 덜어 담은 뒤 계절의 풍미가 느껴지는 고명을 올리면 더욱 품격 있는 일품요리가 됩니다.

## 해물 솥밥

### 재료 (2~4인분)

쌀 … 2홉(300g)

밥물 [10 : 1 : 1]
| 물 … 300ml
| 우스구치 쇼유 … 30ml
| 요리주 … 30ml

모둠회 … 적당량

소금 … 적당량

푸른 차조기잎(채 썬 것) … 2장 분량

유자 껍질(채 썬 것) … 적당량

**1** 쌀은 씻어서 15분간 물에 불린 뒤, 체에 밭쳐 15분간 둔다.

**2** 전기밥솥에 **1**의 쌀과 밥물을 넣고, '쾌속 취사(없으면 일반 취사)'로 밥을 짓는다.

**3** 회는 소금을 살짝 뿌려 15분간 둔 뒤, 끓는 물에 넣어 시모후리한다. 바로 찬물에 헹군 후 물기를 뺀다(**a·b**).

**4** 밥이 다 되기 5분 전에 **3**의 회를 밥 위에 올린다. 취사가 완료되면 푸른 차조기잎을 뿌려 5분간 뜸을 들인 뒤, 밥공기에 담은 후 유자 껍질을 고명으로 올린다.

◎ 중간에 뚜껑을 열 수 없는 밥솥일 경우에는 밥이 다 된 후에 회와 푸른 차조기잎을 함께 넣습니다.

a

b

밥을 짓는 동안 회에 소금을 뿌려 끓는 물에 시모후리한 후, 찬물에 담가 불순물을 제거해둔다.

# 어떤 고기 요리를
# 일식이라 할 수 있을까요?

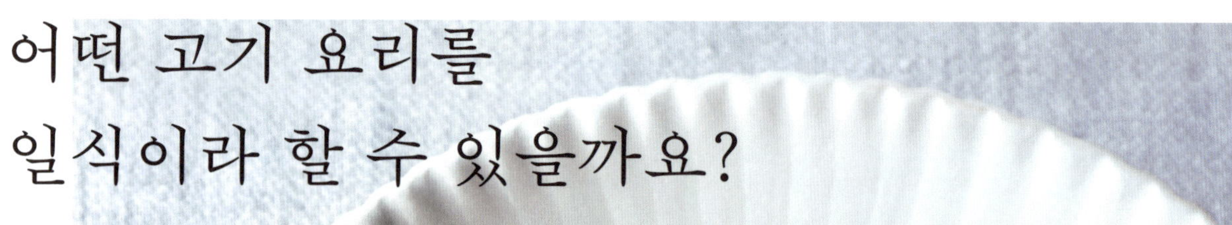

## 바삭바삭한 야키토리(일본식 닭고기 요리)

요즘 슈퍼마켓에서는 닭 다리 살도 신선한 선홍빛을 띠는 상품을 쉽게 구할 수 있습니다. 이처럼 신선한 고기는 소금과 후추만 뿌려 구워도 맛있지요. 그런데 이런 단순한 요리를 어째서 '일식'이라 부를 수 있는지 아시나요? 그것은 바로 젓가락으로 먹을 수 있게 미리 잘라두었기 때문입니다. 이 점을 꼭 기억해두세요.

### 재료(2인분)

닭 다리 살(껍질 포함) ··· 1개(250g)
소금·후추 ··· 각각 소량
식용유 ··· 소량
레몬(반달 모양으로 썬 것) ··· 2조각
크레송 ··· 2줄기

### 노자키 씨의 팁

껍질부터 서서히 굽는 데에는 이유가 있습니다. 고기의 감칠맛 성분인 이노신산을 만드는 바탕이 되는 '미오신'이라는 성분은 40~60℃의 온도에서 생성됩니다. 그렇기에 고기에 열이 천천히 가해질수록 그만큼 감칠맛 성분이 늘어나 맛이 좋아집니다. 이렇게 구우면 평범한 닭고기도 충분히 고급스러운 야키토리로 변신합니다.

**1** 닭고기는 양면에 소금·후추를 뿌린다. 프라이팬에 식용유를 두른 뒤, 닭고기의 껍질이 바닥을 향하게 놓은 다음, 불을 켠다.

◎ 생선처럼 미리 소금을 뿌려둘 필요는 없습니다.

**2** 가끔 팬을 흔들어가며 굽는다. 중간에 고기에서 나온 기름이나 팬의 탄 부분은 키친타월로 닦아낸다.

◎ 기름을 닦아내며 구우면 맛이 깔끔하고 담백해집니다.

**3** 7분 정도 구우면 두께의 절반 정도가 익으며 고기가 하얗게 변한다.

◎ 옆에서 보면 고기 색이 하얗게 변하는 모습을 확인할 수 있습니다. 절반 정도 하얘지면 충분합니다.

**4** 고기를 뒤집는다. 이때 나오는 기름을 닦아내면서 5분 정도 더 굽는다.

◎ 고기가 두툼한 부분은 꼬치로 찔러봅니다. 이때 투명한 육즙이 나오면 다 익은 것입니다.

**5** 껍질이 바닥을 향하게 놓고, 먹기 좋은 크기로 썬다.

◎ 껍질을 바닥에 대고 썰어야 단면이 뭉개지지 않고 깔끔하게 잘립니다.

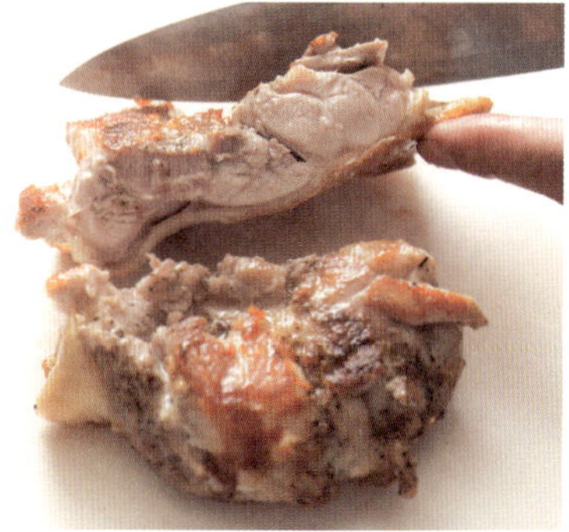

**6** 단면에서 육즙이 흘러나올 정도로 촉촉하게 잘 구워진 모습. 그릇에 담고 레몬과 크레송을 곁들인다.

◎ 접시에 흘러나온 육즙은 그 자체로 훌륭한 소스이니 고기를 찍어서 함께 드세요.

# 닭고기 데리야키(간장 양념구이)

달콤 짭짤한 소스를 입힌 닭고기 구이는 밥도둑이 따로 없어서 도시락 반찬으로도 잘 어울립니다(→p.109). 껍질을 노릇노릇하게 구워내면 풍미가 한층 깊어지지요. 조리 중간에 닭고기를 잠시 꺼내두는 것이 비결입니다. 이렇게 해야 고기가 퍽퍽하지 않고 부드럽게 익어, 입안에서 육즙과 소스가 환상적인 조화를 이룹니다.

## 재료(2인분)

닭 다리 살 … 큰 것 1개(300g)

밀가루 … 적당량

대파(4cm 길이. 비스듬하게 칼집 낸 것)
　　… 2분의 1대 분량

표고버섯(밑동을 제거한 것) … 2개 분량

꽈리고추(칼끝으로 칼집 낸 것) … 4개

식용유 … 2큰술

데리야키 소스 [5 : 3 : 1]

　미림 … 100ml

　요리주 … 60ml

　간장 … 20ml

## 노자키 씨의 팁

데리야키는 소스가 넉넉해야 맛있지만, 닭고기를 너무 오래 졸이면 고기가 질겨질 수 있습니다. 그래서 소스를 빠르게 증발시켜 단시간에 맛을 입히기 위해 요리주의 양을 넉넉히 잡았습니다. 술 성분이 많다 보니 가스 불로 조리할 때 주의가 필요한데, 반드시 깊은 팬을 사용하고 소스를 넣을 때는 일단 불을 약하게 줄이세요. 그래야 알코올 성분에 불이 확 올라오는 것을 방지할 수 있습니다. 알코올이 날아가면 다시 불을 강불로 조절합니다.

**1**　닭고기는 한입 크기(25g 정도)로 썬 다음, 조리용 붓으로 밀가루를 얇게 입힌다.

◎ 밀가루를 입히면 더 고소하게 구워질 뿐만 아니라 소스가 조금 걸쭉해져서 고기에 더 잘 버무려집니다.

**2**　깊은 프라이팬에 식용유를 두르고, 닭고기를 껍질이 바닥을 향하게 올린다. 강불에서 풍미가 살도록 노릇노릇하게 굽는다.

**3**　고기가 노릇노릇하게 구워지면 뒤집은 다음, 대파와 표고버섯을 넣어 함께 굽는다.

◎ 프라이팬 하나로 전부 조리할 수 있도록 고기를 한쪽으로 밀고, 남은 공간에 대파와 버섯을 굽습니다.

**4**　키친타월로 기름과 탄 부분을 닦아낸 후, 데리야키 소스 재료를 넣는다.

◎ 강불로 조리하면 팬이 탈 수 있습니다. 팬을 깨끗이 닦아내야 깔끔하고 고급스러운 맛을 낼 수 있습니다.

**5**　살짝 끓이면서 소스를 골고루 묻혔으면 닭고기만 잠시 꺼내둔다.

◎ 고기 표면에 뜨거운 소스를 버무려 밑간하면서 잔열로 고기를 익힙니다.

**6**　남은 소스를 졸이다가 보글보글 끓으면서 큰 기포가 올라오면 닭고기를 다시 넣고, 꽈리고추를 추가해 소스를 버무린 뒤 그릇에 담는다.

◎ 고기를 너무 오래 익히지 않도록 표면에 소스를 살짝 코팅한다는 느낌으로 가볍게 버무려 마무리합니다.

# 80℃에서 삶는 닭고기

폰즈 소스가 소고기와 어울리지 않는다는 사실을 아시나요? 사실 폰즈 소스는 닭고기와 훌륭한 궁합을 자랑합니다. 이번 레시피에서는 오렌지주스를 넣어 만드는 살짝 달콤한 폰즈 소스를 소개합니다. 닭고기가 충분히 잠길 만한 크기의 냄비와 타이머, 온도계만 준비하면 누구나 야들야들하고 촉촉하게 닭을 삶을 수 있답니다.

## 재료 (만들기 쉬운 분량)

닭 다리 살 … 1개(250g)
래디시(방울무, 얇게 썬 것) … 1개 분량
쪽파(송송 썬 것) … 15g
물 … 800ml
다시마 … 가로세로 5cm 1장
간단 폰즈 소스
  간장 … 40ml
  식초 … 40ml
  오렌지주스(과즙 100%. 귤즙도 가능)
    … 30ml
  고추기름 … 적당량

**1** 닭고기는 끓는 물에 시모후리한 다음, 찬물에 살짝 씻어 물기를 닦는다(a).

**2** 냄비에 **1**의 닭고기와 물, 다시마를 넣고 불에 올린다. 온도가 80℃ 정도에 도달하면 불을 줄여 온도를 그대로 유지한 채 15분간 삶은 뒤(b), 불을 끄고 한 김 식힌다.

**3** 식초는 내열 볼에 담아 전자레인지에 20초 정도 돌려서 끓인다. 한 김 식힌 뒤 간단 폰즈 소스의 재료를 섞는다.

**4** **2**가 한 김 식으면 닭고기를 손으로 먹기 좋게 찢어 래디시, 쪽파와 함께 그릇에 담고, 폰즈 소스를 뿌린다.

a 불순물을 제거하기 위해 닭고기를 데친 물은 수프에 활용할 수 있다.

b 80℃는 냄비 바닥에 기포가 생길 정도의 온도다. 기포가 올라온다면 온도가 너무 높은 것이다.

# 한국식 돼지고기 가지볶음

참기름과 마늘 향이 강한 한식을 떠올리며 만든 볶음요리입니다. 볶음요리라고는 하지만 돼지고기를 계속 볶으면 고기가 질겨져서 맛이 없어집니다. 채소가 다 익어갈 때쯤 시모후리한 돼지고기와 달콤한 미소 된장소스를 잘 버무려 완성해보세요.

## 재료(2인분)

돼지 삼겹살 … 100g
가지(돌려가며 큼직하게 썬 것) … 1개 분량
피망(절반 길이로 잘라 2.5cm 폭으로 썬 것)
　　… 2개 분량
참기름 … 2큰술
미소 된장소스
　신슈 미소 된장 … 30g
　설탕 … 1큰술
　요리주 … 1큰술
　간 마늘 … 적당량
홍고추(송송 썬 것) … 1개 분량

**1** 돼지고기는 5cm 길이로 잘라 끓는 물에 시모 후리한 후, 물기를 뺀다.

**2** 프라이팬에 참기름을 둘러 달군 뒤, 가지를 넣어 노릇노릇하게 볶고 피망을 넣는다.

**3** 피망의 색이 변하면 **1**의 돼지고기를 다시 넣고, 미소 된장소스와 홍고추를 넣어 소스가 잘 배도록 졸이듯 버무린다(**a**).

a 데친 돼지고기는 채소를 다 볶았을 때쯤 넣어 미소 된장소스에 함께 버무린다.

# 돼지고기 생강구이

지금까지 정말 많은 돼지고기 생강구이 레시피를 소개해왔지만, 어떻게 하면 돼지고기 본연의 감칠맛과 생강의 풍미를 잘 살릴 수 있을까 고민한 끝에 찾아낸 방법이 바로 이것입니다. 고기는 조리 중간에 잠시 꺼내두어 너무 뻑뻑해지지 않게 하고, 생강은 맨 마지막에 넣는 것이 핵심입니다. 달콤 짭짤한 양념이 양파의 단맛과 잘 어우러지는, 그야말로 밥도둑이 따로 없는 맛이라서 도시락 반찬으로도 아주 잘 어울립니다(→p.108).

**재 료**(2인분)

돼지고기(자투리 고기 등) … 200g

양파(1cm 폭의 반달 모양으로 썬 것)
　　… 100g

다진 생강 … 2작은술

식용유 … 1큰술

양념 [1:1:1]

　│ 간장 … 30ml

　│ 미림 … 30ml

　│ 요리주 … 30ml

양배추(채 썬 것) … 적당량

## 노자키 씨의 팁

생강구이용 고기를 따로 사지 않고 남은 자투리 고기를 사용해도 얼마든지 맛있게 만들 수 있습니다. 자투리 고기는 한입 크기로 썰려 있어서 도시락 반찬으로 쓰기에도 편합니다.

**1**　돼지고기는 한입 크기로 썰어 끓는 물에 시모후리한 다음, 찬물에 헹궈 물기를 뺀다.

◎ 고기를 깨끗이 '목욕'시키면 훨씬 깔끔하고 고급스러운 맛의 생강구이가 됩니다.

**2**　프라이팬에 식용유를 둘러 달군 후 양파를 넣는다. 양파가 투명해지면서 살짝 노릇노릇해질 때까지 볶는다.

◎ 양파가 살짝 노릇노릇해질 때까지 볶으면 더 깊은 맛을 냅니다.

**3**　1의 돼지고기를 넣고 양념을 붓는다.

◎ 살짝 끓여서 양파 향과 고기의 감칠맛이 양념에 잘 배게 합니다.

**4**　한소끔 끓으면 돼지고기를 잠시 건져낸 후, 남은 양념 국물을 졸인다.

◎ 고기가 너무 익어 질겨지는 것을 방지하고, 양파를 더 조려서 단맛을 끌어냅니다.

**5**　양념 국물이 끓어올라 기포가 커지면 건져두었던 돼지고기를 다시 넣는다.

◎ 기포의 크기를 잘 관찰하세요. 기포가 커지면 양념이 알맞게 졸아든 상태입니다.

**6**　마지막에 간 생강을 넣어 골고루 섞은 뒤, 채 썬 양배추와 함께 그릇에 담는다.

◎ 생강은 오래 가열하면 쓴맛이 나니 마무리 단계에 넣어 신선한 향을 살리세요.

# 돼지고기 케첩 조림

이번 레시피에는 돼지 뒷다리살을 쓰든 등심을 쓰든 상관없지만, 일단 두툼한 고기를 골라야 합니다. 두툼한 고기를 서서히 익혀서 고기 표면을 태우지 않고 야들야들하고 촉촉하게 조려냅니다. 이렇게 조리려면 고기를 조림 국물에 살짝 끓였다가 건져서 잔열로 익히는 과정을 반복한 후, 마지막에 바싹 졸인 국물을 고기에 끼얹 어야 합니다. 케첩 양념이라 도시락 반찬으로도 잘 어울립니다.

 (4인분)

돼지고기(돈가스용, 1cm 두께)
    … 150g짜리 2장
조림 국물
    물 … 80ml
    요리주 … 80ml
    간장 … 15ml
    설탕 … 20g
    대파의 파란 부분(없으면 생략 가능)
       … 소량
토마토케첩 … 20g
식용유 … 소량
모둠 향신 채소(→p.40) … 적당량
연겨자 … 적당량

## 노자키 씨의 팁

조리법 **2**에서 구운 고기를 다시 끓는 물에 담그는 것을 보고 놀라셨을지도 모르겠습니다. 하지만 여기에는 다 그만한 이유가 있습니다. 기름기가 남아 있으면 간을 세게 해야만 맛있게 느껴지기 때문입니다. 제가 고기를 구울 때 프라이팬에 남은 기름을 닦아내거나 고기를 한 번 데치는 이유는 건강을 중시하는 요즘 시대에 맞춰 자극적이지 않은 맛과 고급스러운 풍미를 내기 위해서입니다.

**1** 프라이팬에 식용유를 둘러 달군 뒤, 돼지고기를 올려 양면을 살짝 노릇하게 굽는다.

◎ 야들야들하고 촉촉하게 조리기 위해 두툼한 돼지고기를 사용하는 것이 비결입니다.

**2** 다른 냄비에 물을 끓인 후, **1**의 돼지고기를 끓는 물에 담가 기름기와 불순물을 제거한다.

◎ 살짝 데치는 정도로는 고기의 감칠맛이 빠져나가지 않으니 걱정하지 않으셔도 됩니다.

**3** 프라이팬을 닦아낸 후, **2**의 고기와 준비한 조림 국물 재료를 넣어 중불에 올린다. 양념이 끓으면 불을 약불로 줄여 1분간 조린다.

◎ 고기에 조림 국물이 배어들게 하는 동시에 고기를 잔열로 익히기 위함입니다.

**4** 고기를 일단 건진다. 1~2분간 건져두었다가 다시 팬에 넣어 1~2분간 조리는 과정을 3회 정도 반복한다.

◎ 고기는 건져둔 사이에 잔열로 속까지 서서히 익어갑니다.

**5** 고기를 다시 건지고, 조림 국물을 바싹 줄인다. 국물이 진해지고 큰 기포가 올라오면 케첩을 넣는다.

◎ 고기의 감칠맛이 밴 조림 국물을 응축시킨 후에 케첩을 넣습니다.

**6** 고기를 다시 넣어 조림 국물을 골고루 버무린다. 고기를 먹기 좋은 크기로 썰어 모둠 향신 채소와 함께 접시에 담은 후, 조림 국물을 끼얹고 연겨자를 곁들인다.

◎ 고기 표면에 조림 국물을 살짝 입히기만 해서 양념이 밴 겉면과 뽀얀 속살이 대비를 이룹니다.

# 칼로 썰지 않는 게
# 더 나은 식재료가 있다

## 겐친지루*

두부는 꼭 손으로 듬성듬성 으깨어 사용해보세요. 표면적이 넓어져 혀에 닿는 면 또한 많아지므로 콩의 감칠
맛을 더욱 강하게 느낄 수 있습니다. 오히려 칼로 매끈하게 자르면 맛을 제대로 느끼지 못한답니다. 특히 겐친
지루에 들어가는 두부는 손으로 으깨서 넣어야 두부의 감칠맛이 국물에 잘 배어들어 훨씬 깊은 맛을 냅니다.

* 일본의 사찰 요리로, 동물성 재료를 넣지 않고 뿌리채소와 두부 등을 넣어 끓인 국-옮긴이

## 재료(4인분)

무(5mm 두께로 은행잎 썰기 한 것) … 120g

당근(5mm 두께로 은행잎 썰기 한 것)
　　　… 60g

토란(한입 크기) … 80g

표고버섯(4등분) … 4개 분량

우엉(수세미로 씻어 3mm 폭으로 송송 썬 것)
　　　… 60g

곤약(숟가락으로 한입 크기로 뜬 것) … 120g

유부(세로로 반을 가른 후 폭 1cm의 직사각형
　　　으로 썬 것) … 1개 분량

대파(1cm 폭으로 송송 썬 것) … 1대 분량

부침용 두부 … 200g

국물

　｜ 물 … 1리터

　｜ 다시마 … 가로세로 5cm 1장

　｜ 대파의 파란 부분(없으면 생략 가능)
　｜ 　　… 적당량

우스구치 쇼유(국간장) … 40~50ml

시치미토가라시* … 적당량

＊ 고춧가루를 비롯한 7가지 재료를 섞어 만든 일본의
　 향신료-옮긴이

곤약은 맛이 잘 배지 않는 식재료이므로 칼로 자르지 말
고 숟가락으로 떠서 표면적을 넓혀야 한다.

**1** 무·당근·토란·표고버섯·곤약은 체에 담
아 끓는 물에 넣어 20초 정도 데친 후 물기를
뺀다.

◎ 우엉에 남아 있는 흙 향기가 국물에 풍미를 더
하므로 우엉은 데치지 않습니다.

**2** 냄비에 국물 재료와 1의 재료 그리고 우엉
을 넣어 불에 올린다. 한소끔 끓으면 불을 약
불로 줄이고 채소가 푹 익을 때까지 끓인다.

◎ 흰 부분이 긴 대파를 사면 대파의 흰 부분만 고
명으로 쓰고 나머지 파란 부분은 버리는 경우가
많은데, 파란 부분도 버리지 말고 모아두었다가
요리에 활용해보세요. 국에 넣으면 국물에 깊은
단맛을 더해줍니다.

**3** 파의 푸른 부분을 건져내고, 두부를 손으
로 으깨어 넣으면서 우스구치 쇼유를 소량 넣
어 데우듯 끓인다.

◎ 두부를 손으로 으깨면 표면적이 넓어져 콩의
감칠맛이 국물에 잘 배어들고, 두부 자체에도 간
이 더 잘 배게 됩니다.

**4** 마무리로 송송 썬 대파와 유부, 남은 우스
구치 쇼유를 넣어 한소끔 끓인 뒤 그릇에 담
는다. 취향에 따라 시치미토가라시를 뿌린다.

◎ 간장은 오래 끓이면 색이 검어지므로 두 번에
나누어 넣습니다.

**두부로 만드는 또 다른 요리**
# 구즈시얏코(으깬 두부 냉채)

작게 깍둑썰기 한 무는 적은 양이 들어가지
만 아삭아삭한 식감이 두부의 부드러운 식감
과 대비를 이루면서 두부의 감칠맛을 한층
돋보이게 합니다.

무 20g은 5mm 크기로 깍둑썰기 하고, 쪽파 5cm는 가
늘게 송송 썰어 물에 담갔다가 건져서 물기를 뺀다. 두
부 100g을 손으로 으깨어 무와 함께 그릇에 담고, 그
위에 쪽파를 올린 후, 간장은 1작은술이 조금 안 되게,
참기름은 2분의 1작은술을 뿌린다.

# 김치 스타일의 오이 탕탕이

오이는 과육이 부드럽고 껍질이 질기지 않아 밀대로 두드리면 자연스럽게 균열이 생깁니다. 이렇게 부순 오이는 단면이 울퉁불퉁해서 양념이 잘 배어들므로 이번에는 이를 이용한 간단한 무침 요리를 소개하고자 합니다. 오이의 청량한 맛과 김치의 감칠맛이 잘 어우러져 한번 먹기 시작하면 자꾸만 들어가는 음식입니다.

**재료**(만들기 쉬운 분량)

오이 … 1개

배추김치 … 50g

무(껍질을 벗긴 것) … 50g

대파 … 2분의 1대

간장 … 1작은술

볶은 참깨 … 1큰술

**1** 오이는 5cm 길이로 잘라 세로로 4등분한 뒤, 면포로 감싸 밀대로 두드린다(a).

**2** 김치는 작게 썰고, 무는 5cm 길이로 채 썬다. 대파는 흰 부분만 골라 5cm 길이로 가늘게 채 썬다.

**3** 1과 2를 합쳐 간장에 버무린 뒤 그릇에 담고 볶은 깨를 뿌려 마무리한다.

**a** 오이를 밀대로 두드려 으깨면 오이의 표면적이 넓어져 양념이 잘 배어들고 식감도 부드러워진다.

# 참마 덮밥

참마는 아삭아삭한 식감이 매력이지만, 점성이 강해 칼로 깔끔하게 썰면 입안에서 겉돌기 쉽습니다. 이런 참마를 밀대로 두드려서 자연스럽게 균열을 내면 식감이 훨씬 좋아지고 맛도 더 진하게 느껴집니다. 입맛에 맞춰 간장을 살짝 뿌려 먹어도 맛있습니다.

## 재료(2인분)

참마(껍질을 벗긴 것) … 100g

시오콘부(염장 다시마 채) … 10g

대파(송송 썬 것) … 20g

생 달걀노른자 … 2개

따끈한 밥 … 2공기 분량

**1** 참마는 비닐봉지에 담은 뒤, 밀대로 두드려 잘게 부순다(a).

**2** 1과 시오콘부, 대파를 섞는다. 그릇에 밥을 담고 그 위에 섞은 재료를 얹은 뒤, 가운데에 생 달걀 노른자를 올린다.

a 고르게 부수지 않고 어느 정도 불규칙한 크기로 부수어야 식감에 다양한 변화가 생겨 입이 즐겁습니다.

# 데치지 않고 만드는
# 채소 무침

## 브로콜리 무침

채소 무침을 만들 때는 채소를 끓는 물에 미리 한 번 데치는 경우가 많지만, 데치지 않고 만드는 방법도 있습니다. 바로 생채소를 냉동하는 것이지요. 생채소를 냉동하면 세포벽이 파괴되어 채소가 연해지므로 필요할 때 바로 해동해서 물기를 제거하기만 하면 됩니다. 먹을 만큼만 꺼내어 해동하면 되는 데다 싱싱한 상태로 냉동 보관할 수 있어 편리합니다. 단, 시금치 같은 채소는 아린 맛이 강하니 반드시 끓는 물에 데쳐서 사용하세요.

브로콜리 … 1송이　간장 마요네즈 소스(간장과 마요네즈를 1:2로 섞은 것) … 적당량

**1** 브로콜리는 작은 송이로 나누어 자른 뒤, 깨끗이 씻어 물기를 뺀다.

**2** 지퍼백이나 비닐봉지에 담고, 공기를 최대한 빼서 밀봉한다.

**3** 냉동실에 얼린 뒤, 그때그때 먹을 만큼만 꺼내 체에 담아 실온에서 해동한다. 물기를 닦아낸 후, 간장 마요네즈 소스를 곁들인다.

# 소송채와 잔멸치 무침

소송채는 1년 내내 출하되는 데다 가격도 비교적 저렴하며 철분과 칼슘이 풍부한 녹황색 채소입니다. 이러한 소송채에 칼슘이 풍부한 잔멸치를 더해 영양가를 더욱 높였습니다.

### 재료와 만드는 법

소송채를 깨끗이 씻은 후, 밑동을 잘라 먹기 좋은 크기로 썬다. 물기를 닦아 비닐봉지 등에 담은 뒤, 공기를 최대한 빼서 밀봉한 후 냉동 보관한다. 그때그때 먹을 만큼만 꺼내 체에 담아 실온 해동한다. 해동된 소송채의 물기를 닦고, 잔멸치와 간장을 넣어 버무린다.

# 청경채 무침

볶음요리 등에 사용하고 남은 청경채가 있다면 꼭 냉동해보세요. 끓는 물에 데칠 때보다 풍미가 진해져 재료 본연의 맛이 살아납니다.

### 재료와 만드는 법

청경채를 깨끗이 씻은 후, 밑동을 잘라 먹기 좋은 크기로 썬다. 물기를 닦아 비닐봉지 등에 담은 뒤, 공기를 최대한 빼서 밀봉한 후 냉동 보관한다. 그때그때 먹을 만큼만 꺼내 체에 담아 실온 해동한다. 해동된 청경채의 물기를 닦고 가다랑어포를 얹은 뒤, 간장을 뿌린다.

# 우엉만으로 만드는
# 소박한 우엉 조림

우엉은 섬유질이 많아 써는 방식에 따라 식감과 맛이 크게 변합니다. 연필을 깎듯이 우엉을 돌려가며 필러로 깎으면 우엉이 얇아지고 표면적이 넓어져 식감이 부드러워지고 우엉 본연의 맛을 강하게 느낄 수 있습니다. 반면에 우엉을 가늘게 채 썰면 오독오독 씹는 재미가 있습니다. 하지만 가장 간편한 방법은 우엉을 세로로 반을 갈라 얇게 어슷썰기를 하는 것입니다. 우엉의 맛도 적당히 느껴지고 식감도 좋지요. 마무리 단계에서 얇게 썰어 시모후리한 소고기나 돼지고기를 넣어 함께 볶으면 좀 더 먹음직스러운 우엉 조림이 됩니다.

# 써는 방식이 저마다 다른 우엉 조림 3종

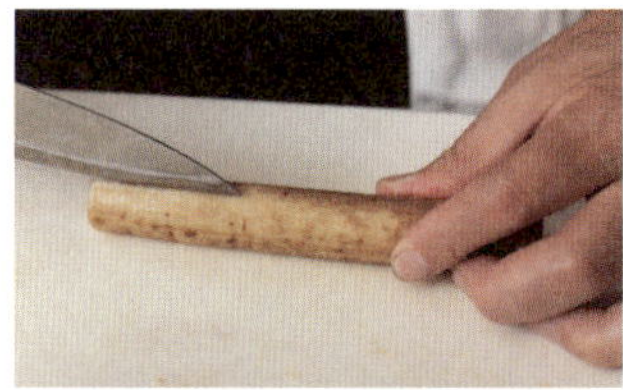

**우엉 손질하기**

우엉은 껍질 바로 밑에 감칠맛이 응축되어 있으므로 수세미
로 겉면만 살짝 문지른 후 껍질째 썬다.

돌려가며 필러로 깎기

**◆ 돌려가며 필러로 깎기**

우엉 표면에 세로로 칼집을 여러 군데 낸 다음, 필러로 깎는
다. 미리 칼집을 내야 필러로 깎았을 때 우엉이 얇고 가늘게
썰린다.

**◆ 채 썰기**

4cm 길이로 자른 다음, 결을 따라 얇게 썬 후, 가지런히 겹친
상태에서 채 썬다.

**◆ 얇게 어슷썰기**

먼저 우엉을 세로로 반을 가른 다음, 얇게 어슷썰기를 해서
섬유질을 끊는다.

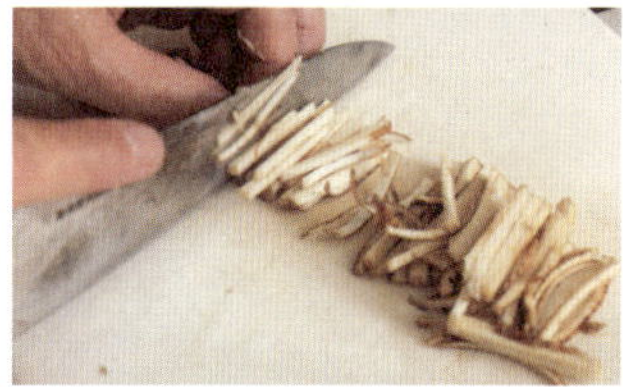

채 썰기

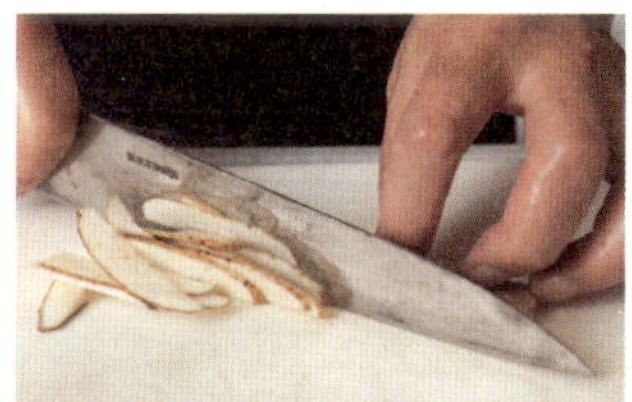

얇게 어슷썰기

**재료**(1~2인분)

우엉 … 50g

참기름 … 1큰술

대파의 파란 부분
  (없으면 생략 가능) … 적당량

조림 양념 **[3 : 2 : 1]**

  미림 … 15ml

  요리주 … 10ml

  우스구치 쇼유(국간장) … 5ml

  설탕 … 1~2작은술

  마늘 … 소량

볶은 깨 … 2작은술

**우엉을 써는 3가지 방법**(각각 50g)

얇게 어슷썰기　　돌려가며 필러로 깎기

채 썰기

**1**  프라이팬에 참기름을 둘러 달군 다음, 우엉
을 넣고 기름이 잘 버무려지도록 저어가며 볶
는다.

**2**  대파의 파란 부분도 넣는다. 우엉 향이 올
라오기 시작하면 프라이팬 중앙에 자리를 만
들어 조림 양념을 붓는다.

**3**  조림 양념을 우엉에 잘 버무린다. 마지막
에 볶은 깨를 뿌리고 골고루 섞은 후, 접시에
담는다.

제1장에서 '육수가 필요 없는' 요리들을 소개했지만, 요리하다 보면 육수가 꼭 필요한 순간도 있습니다. 그럴 때 간편하게 육수 역할을 해주는 식재료가 바로 두유와 토마토주스입니다. 둘 다 식물성 감칠맛이 진하게 농축되어 있는데, 워낙 감칠맛이 진하다 보니 그대로 썼다가는 오히려 쉽게 물릴 수 있어 물에 희석해 사용합니다. 이번에 소개할 오뎅*은 일반적인 오뎅보다는 조림에 가까운 느낌입니다. 국물과 함께 떠서 드셔보세요.

# 붉은 오뎅

### 재료 (2~3인분)

무 ··· 4cm

치쿠와 ··· 2개

한펜 ··· 2분의 1장

사쓰마아게 ··· 2장

곤약 ··· 100g

달걀 ··· 2개

대파 ··· 1대

오뎅 국물

| 토마토주스(무염) ··· 200ml

| 물 ··· 400ml

| 우스구치 쇼유(국간장) ··· 30ml

| 식초 ··· 15ml

브로콜리 ··· 100g

굵게 간 흑후추 ··· 적당량

# 하얀 오뎅

### 재료 (2~3인분)

흰 단무지 ··· 10cm

치쿠와 ··· 2개

한펜 ··· 2분의 1장

사쓰마아게 ··· 2장

곤약 ··· 100g

달걀 ··· 2개

오뎅 국물

| 무조정 두유 ··· 200ml

| 물 ··· 400ml

| 우스구치 쇼유(국간장) ··· 40ml

그린빈 ··· 4개

### 준비하기

◆ '붉은 오뎅'에 넣을 무는 껍질을 벗겨 2cm 두께의 반달 모양으로 썬 다음, 찬물에 넣어 부드러워질 때까지 미리 데쳐둔다.

◆ '하얀 오뎅'에 넣을 단무지는 2.5cm 두께로 썬 다음, 간이 살짝 남는 정도가 될 때까지 찬물에 담가 짠맛을 뺀다.

◆ 치쿠와는 절반 길이로 자르고, 한펜은 삼각형 모양으로 썬다. 사쓰마아게와 함께 체에 담고 끓는 물을 부어 살짝 데친다.

◆ 곤약은 양면에 비스듬히 십자 모양의 칼집을 낸 다음, 먹기 좋은 크기로 썰어 물에 2분 정도 삶는다.

◆ 달걀은 찬물에 담가 불에 올린 뒤, 물이 끓으면 5분간 삶은 후 찬물에 담갔다 빼서 껍질을 벗긴다.

◆ '붉은 오뎅'에 넣을 대파는 흰 부분을 5cm 길이로 자르고, 옆면에 비스듬하게 칼집을 4~5군데 낸다.

◆ '붉은 오뎅'에 넣을 브로콜리는 작은 송이로 자른 후 끓는 물에 데쳐 선명한 색을 낸다. '하얀 오뎅'에 넣을 그린빈도 끓는 물에 데친다.

**1**  냄비에 오뎅 국물 재료를 넣고, 브로콜리와 그린빈을 제외한 모든 재료를 넣어 불에 올린다.

**2**  불에 올려 약 10분간 천천히 가열하다 끓어오르면 브로콜리나 그린빈을 넣는다. '붉은 오뎅'은 먹기 직전에 흑후추를 뿌린다.

*  한국에서는 오뎅을 어묵과 같은 뜻으로 쓰기도 하지만, 본래 오뎅은 국물에 각종 재료를 넣고 끓이는 일본의 전골 요리를 말한다.-옮긴이

# 매콤 츠케멘

여름에 잘 어울리는 산뜻한 츠케멘입니다. 무더운 여름에는 불을 쓰고 싶지 않은데, 이 츠케멘 국물은 재료를 섞기만
하면 됩니다. 두반장의 은은한 매콤함이 식욕을 자극합니다. 양배추도 큼직하게 썰어 넣어 꼭꼭 씹어 먹어보세요.

## 재료 (2인분)

중화면(생면) … 2덩이

양배추 … 50g

짜사이(병조림) … 30g

멘마(병조림) … 30g

대파(5cm 길이) … 2토막

토마토 국물

　토마토주스(무염) … 200ml

　물 … 100ml

　간장 … 35ml

　참기름 … 5ml

　두반장 … 1작은술

굵게 간 흑후추 … 적당량

**1** 양배추는 데쳐서 1cm 폭으로 썬다. 짜사이와
멘마도 먹기 좋은 크기로 자른다.

**2** 대파는 흰 부분을 5cm 길이로 자른 후 가늘게
채 썬다.

**3** 중화면을 삶아 찬물에 헹군 뒤 물기를 뺀다.

**4** 그릇에 **3**의 면을 담고, **1**, **2**의 고명을 올린 뒤,
흑후추를 뿌린다. 토마토 국물 재료를 잘 섞어 다
른 그릇에 담은 후, 면을 국물에 찍어 먹는다.

# 두유 라멘

두유는 담백하기만 할 것 같지만 의외로 감칠맛이 진합니다. 식물성 단백질이 풍부한 데다 칼로리도 낮아 국물까지
싹 비우고 싶어지는 라멘입니다. 부드러운 두유에 매콤한 두반장과 마늘 향이 더해져 제대로 된 맛을 냅니다.

**재료** (2인분)

중화면(생면) ··· 2덩이

삶은 딜걀 ··· 1개

멘마(병조림) ··· 적당량

쪽파(또는 잎파) ··· 1대

말린 벚꽃 새우 ··· 3큰술

볶은 깨 ··· 2큰술

두유 수프

  무조정 두유 ··· 200ml

  물 ··· 200ml

  우스구치 쇼유(국간장) ··· 25ml

  두반장 ··· 2분의 1작은술

  간 마늘 ··· 2분의 1작은술

  참기름 ··· 5ml

**1** 냄비에 두유 수프 재료를 넣고 불에 올려 한소
끔 끓인다.

**2** 삶은 달걀은 껍질을 벗겨 반으로 자르고, 쪽파
는 얇게 어슷썰기 한다.

**3** 중화면은 삶은 뒤 물기를 뺀다.

**4** 그릇에 **3**의 면을 담고 **1**의 뜨거운 두유 수프를
붓는다. 그 위에 **2**의 삶은 달걀과 쪽파, 멘마, 벚꽃
새우, 볶은 깨를 올린다.

# 통조림은 밑간이 된
# 편리한 식재료입니다

통조림은 이미 가열 조리된 제품인 데다 바로 따서 먹을 수 있도록 밑간도 되어 있는 식재료입니다. 여러모로
편리해 아마 집에 쟁여두는 가정도 많을 것입니다. 또 재해를 대비해 비축해둘 시에는 소비기한에 맞춰 새 제
품으로 정기적으로 교체해야 하니 그럴 때도 꼭 한번 통조림을 이용해 요리를 만들어보세요.

# 비프 야마토 통조림으로 만드는 하야시라이스*

간장과 설탕이 들어간 달짝지근한 소스로 소고기를 졸인 '비프 야마토 통조림'을 이용해 간단하게 만드는 하야시라이스 레시피를 소개합니다. 양파와 브로콜리를 썰기만 하면 뚝딱 만들 수 있어요. 어딘지 모르게 일식의 느낌이 나는 달콤한 양념이 밥과 정말 잘 어울립니다. 화이트소스는 작은 파우치 제품을 이용하면 편리합니다.

## 재료 (2인분)

비프 야마토 통소림 ⋯ 1캔(내용물 160g)

양파(1cm 폭으로 썬 것) ⋯ 2분의 1개 분량

브로콜리(작은 송이로 나눠 데친 것)
　　⋯ 2~4송이

따끈한 밥 ⋯ 2인분

식용유 ⋯ 1큰술

### 소스

화이트소스(통조림) ⋯ 50g

우스터소스 ⋯ 2큰술

토마토케첩 ⋯ 1과 2분의 1큰술

식용유 ⋯ 1큰술

**1** 프라이팬에 식용유를 두르고 양파를 볶는다.

**2** 양파의 숨이 살짝 죽으면 비프 야마토 통조림을 국물째 부어(**a**) 물컹하게 굳어 있는 국물을 녹인다.

**3** 소스 재료도 전부 넣어 잘 섞은 후, 끓어오르면 불을 약불로 줄여 그대로 4~5분간 졸이며 데운다(**b**). 그릇에 밥과 함께 담고 브로콜리를 곁들인다.

**a** 양파의 아삭한 식감이 맛을 좌우하므로 너무 오래 볶지 않아도 된다.

**b** 고기가 속까지 잘 데워지고 국물이 살짝 졸아들기만 하면 된다.

---

* 한국에서는 '하이라이스'로 불린다. 일식에서의 정확한 명칭은 '하야시라이스'이다.–옮긴이

# 참치캔을 이용한 간단한 오이 반찬

참치와 오이는 대표적인 조합이지만, 참치캔은 꼭 기름에 절인 제품을 골라 기름까지 전부 사용하세요. 참치의 부드러운 식감과 오이의 아삭아삭한 식감이 잘 어우러져 자꾸만 손이 간답니다.

**재료** (2인분)

참치캔(기름 절임) … 1캔(내용물 70g)

오이 … 70g

대파 … 1대

푸른 차조기잎(채 썬 것) … 2장 분량

식초 … 1큰술

우스구치 쇼유(국간장) … 1작은술

볶은 깨 … 1큰술

**1**  오이는 둥글게 썬다. 대파는 흰 부분을 2.5cm 길이로 잘라 가늘게 채 썬 후, 푸른 차조기잎과 함께 물에 담갔다 건져서 물기를 뺀다.

**2**  식초를 작은 내열 볼에 담아 전자레인지에 10초간 돌려 신맛을 날린다. 식으면 우스구치 쇼유를 섞는다.

**3**  볼에 **1**, **2**와 **참치캔을 기름째 넣어** 잘 버무린 뒤, 그릇에 담고 볶은 깨를 뿌려 마무리한다.

# 가리비 관자 통조림과 순무를 넣은 전골

가리비 관자를 소금을 탄 물에 삶아 만드는 가리비 관자 통조림은 가리비 살뿐만 아니라 그 국물에도 감칠맛이 풍부해서 전골 국물로 활용하기 좋습니다. 따로 육수를 낼 필요도 없으며, 간은 우스구치 쇼유로만 맞춥니다. 순무 대신무나 동과 등을 넣어도 맛있습니다.

## 재료 (2인분)

가리비 관자 통조림 … 2캔(내용물 130g)
순무(잎 포함) … 2개
유즈코쇼 … 적당량
국물
    물 … 400ml
    우스구치 쇼유(국간장) … 20ml
    요리주 … 6ml

**1** 순무는 줄기만 조금 남기고 잎은 전부 잘라낸다. 잘라낸 잎은 4cm 길이로 썬다. 순무 알은 껍질을 벗겨 세로로 4등분한다. 순무 알은 70~80℃의 뜨거운 물에 5분 정도 데친 후 체로 건져 물기를 빼고, 잎은 뜨거운 물에 살짝 데친다.

**2** 냄비에 **1**의 순무 알과 국물 재료를 넣어 중불에 올린 뒤, 끓어오르면 가리비 관자 통조림을 국물까지 전부 붓는다(a). 여기에 **1**에서 데친 순무 잎을 넣고, 다시 끓으면 그릇에 옮겨 담은 뒤, 유즈코쇼를 곁들인다.

a 통조림 국물에 가리비의 감칠맛이 진하게 우러나와 있으니 국물에 전부 사용한다.

# 편리한 주방 도구들, 진작 쓸 걸 그랬어!

요즘은 가정에서 요리할 때 편리하게 쓸 수 있는 다양한 주방 도구가 많습니다. 다이소 같은 생활용품점에서도 판매하지요. 물론 전문 요리사라면 칼 하나로 재료를 곱게 다지거나 실처럼 가늘게 써는 기술이 필요하지만, 가정에서는 간편하고 시간까지 절약되는 도구를 사용하는 것이 좋습니다.

저도 집에서 촬영하기 시작한 이후로 이런 주방 도구들을 종종 쓰기 시작했는데, 얼마나 편한지 모른답니다! 그야말로 '눈이 번쩍 뜨일 만큼' 편리했던 6가지 도구를 소개합니다.

## 수동 채소 다지기

안에 재료를 넣고 뚜껑을 닫은 뒤, 줄을 잡아당기면 내부의 칼날이 회전하면서 곱게 다져집니다. 하단의 사진은 양파, 유부, 생강을 다진 모습입니다.

## 필러

당근이나 감자 껍질을 벗길 때 유용할 뿐만 아니라, 참마나 오이 등을 띠 모양으로 얇고 길게 슬라이스할 때 쓰면 편합니다. 특히 참마처럼 점성이 있고 미끌미끌한 재료를 손질할 때는 꼭 필요합니다.

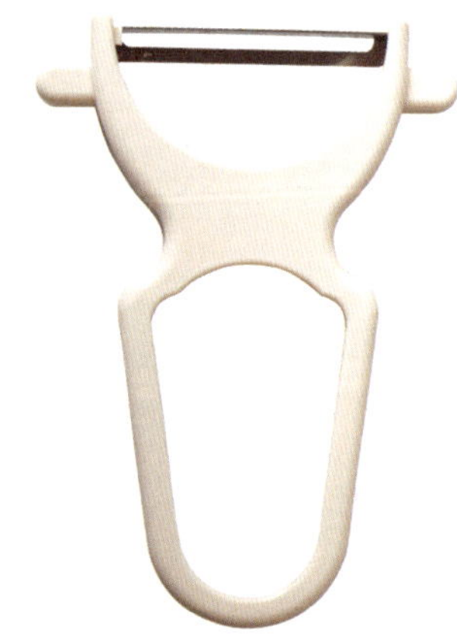

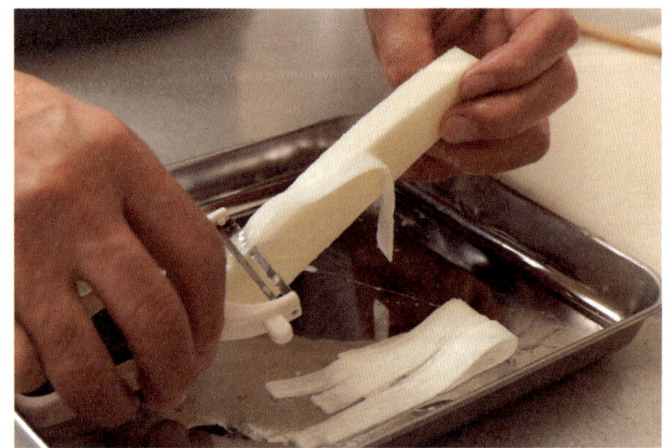

## 만능 채칼

칼날만 교체하면 슬라이스부터 채썰기까지 가능한 편리한 도구입니다. 양배추 채처럼 원하는 재료를 바로 만들 수 있습니다. 다만, 손을 다치지 않도록 비닐장갑 등을 착용하는 등 안전에 유의하세요.

## 반숙 계란장 전용 용기

요즘 한창 인기를 끌고 있는 반숙 계란장. 이 전용 용기는 삶은 달걀을 넣고 절임물을 부은 뒤, 뚜껑을 닫아 그대로 냉장실에 넣기만 하면 적은 양의 절임물만으로도 달걀을 고르게 절일 수 있습니다.

◎ 절임물 재료(물 100ml, 간장 25ml, 미림 25ml, 다시마 가로세로 3cm 크기 1장)를 냄비에 넣고 한소끔 끓인 뒤, 식혀서 사용합니다.

## 밀림 방지 강판

무나 생강을 갈 때 사용하기 편한 강판입니다. 우엉처럼 단단한 재료를 갈 때, 사진처럼 강판이 실리콘 등으로 바닥에 고정되어 있으면 강판이 밀리지 않아 힘을 주기가 쉽고 더욱 빠르게 갈 수 있습니다.

## 스프레이

시금치나물 등을 양념할 때, 너무 짜지지 않도록 간장을 스프레이에 담아 미스트 형태로 분사하면 양을 미세하게 조절할 수 있어 간을 딱 맞출 수 있을 뿐만 아니라, 염분 섭취를 줄이는 데에도 도움이 됩니다.

# 조리 도구, 이것만큼은 꼭 필요합니다!

아무리 간단하게 요리하려고 해도 꼭 필요한 도구들이 있습니다. 그런 도구들을 여기서 다시 한번 살펴본 후,
이 책에서 배운 내용을 최대한 활용해보세요.

## 불소수지 가공 프라이팬

흔히 테프론 팬이라고들 하지요. 요즘은 거의 모든 가정에서 사용
하는데, 확실히 쓰기 편합니다. 기름을 적게 둘러도 재료가 팬에
들러붙거나 타지 않고, 바닥에 눌어붙더라도 키친타월로 쓱 닦아
내기만 하면 순식간에 말끔해집니다. 구이뿐만 아니라 국물이 적
은 조림을 만들 때도 편리하지요. 딱 맞는 크기의 뚜껑까지 갖추
면 더욱 다양하게 활용할 수도 있습니다.

## 냄비

일식에는 삶거나 조리는 요리가 많아 냄비가 꼭 필요합니다. 요리
할 때는 알맞은 크기의 냄비를 고르는 것이 매우 중요합니다. 레
시피에 적힌 분량과 시간, 조리법을 모두 지켜서 맛있는 요리를
만들고 싶다면 조림은 재료가 국물에 딱 잠길 만한 크기의 냄비를
고르세요. 냄비가 너무 크면 재료가 국물 위로 절반 이상 드러나
고, 반대로 냄비가 너무 작으면 조리는 도중에 국물이 넘치기 쉽
습니다.

## 체와 볼

제가 요리할 때 중요하게 생각하는 것 중 하나가 바로 '시모후리'
입니다. 앞에서 언급했듯이 육류나 생선을 뜨거운 물에 데치면 단
백질이 변성되어 불투명한 흰색을 띠게 되는데, 이를 시모후리라
고 합니다. 이렇게 하는 이유는 표면의 불순물을 제거하기 위함인
데, 데친 재료를 체로 건져서 물기를 빼야 하므로 체와 볼이 꼭 필
요하지요. 체와 볼은 적어도 두 개씩은 있어야 요리할 때 사용하
는 타이밍이 차이 나는 채소와 육류에 각각 쓸 수 있습니다.

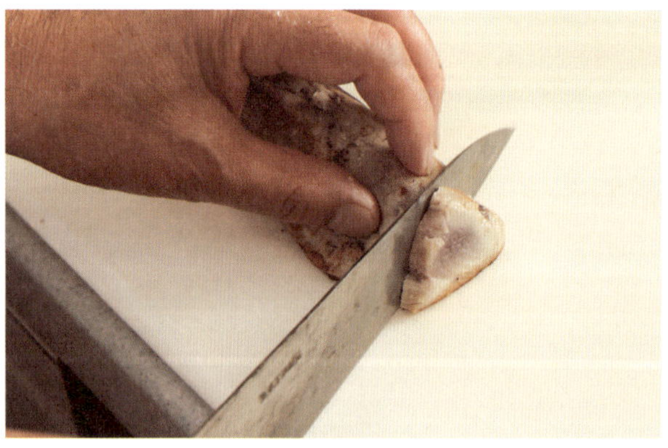

## 도마와 칼

도마와 칼은 그야말로 기본적인 도구이지요. 식재료를 썰어야 할
때 꼭 필요합니다. 전문 요리사에게 칼은 목숨과도 같아서 값비싼
칼을 매일 갈아서 사용하지만, 가정에서는 굳이 그런 고가의 칼을
쓰지 않아도 그저 '잘 썰리기만 하면' 됩니다. 잘 썰리지 않는 칼을
사용하면 불필요한 힘이 들어가거나 재료를 반듯하게 다듬기 힘
들어집니다. 칼날을 간편하게 갈 수 있는 도구도 시중에 많이 나
와 있으니 정기적으로 칼날을 손질하세요.

# 3

# 식사법,

## 이렇게 먹는 거였구나!

# 회는 따끈한 밥과
# 함께 먹어야 맛있다

생선의 지방은 살짝 녹았을 때 풍미가 살아납니다. 옛날에는 비린내가 나는 회를 파는 가게도 있었지만, 요즘은 어디에서든지 싱싱한 회를 살 수 있으므로 회는 따끈한 밥과 같이 먹어야 가장 맛있습니다.

좀 더 이해하기 쉽게 여러분이 좋아하시는 초밥을 예로 들어볼까요. 보통 초밥용 밥을 만들 때는 부채질까지 해가며 밥을 식힙니다. 하지만 가정에서는 그럴 필요가 없습니다. 초밥집에서는 초밥용 밥을 대량으로 만들기 때문에 열기를 날리기 위해 부채질을 하지만, 가정에서 먹을 양 정도는 주걱으로 섞기만 해도 충분합니다. 또 초밥집에서는 주문이 들어오면 바로 만들 수 있도록 초밥용 밥을 미리 만들어두었다가 식은 밥을 사용하지만, 가정에서는 그럴 필요가 없으니 따끈따끈한 밥을 사용하는 것이 더 좋습니다. 집에서 직접 초밥을 만들어 먹을 때도 따끈따끈한 밥 위에 참치회를 올린 뒤, 간장을 스프레이로 살짝 뿌려 드셔보세요. 아마 훨씬 맛있을 겁니다.

# 튀김을 밥반찬으로 먹을 때는
# 소금보다 간장이 어울린다

튀김을 좀 안다는 사람들 사이에서는 튀김을 소금에 찍어 먹는 것이 상식처럼 되었습니다. 물론 튀김 전문점에서 술과 함께 튀김을 즐길 때는 소금도 잘 어울리지만, 사실 저는 가정에서 밥반찬으로 먹을 때는 간장이 더 잘 어울린다고 생각합니다. 솔직히 텐츠유(튀김용 간장 소스)도 밥과 함께 먹기에는 간이 조금 약한 편입니다.

　하지만 간장은 너무 많이 뿌리거나 푹 찍어버릴 위험이 있습니다. 짠맛과 감칠맛이 너무 과해져버리면 재료 본연의 맛이 가려지므로 85쪽에 소개한 것처럼 간장을 스프레이 용기에 담아 가볍게 분사해 간을 은은하게 맞추는 것이 좋습니다. 여러분도 한번 해보세요. 밥과 아주 잘 어울리는 맛이 된답니다. 손님을 초대한 자리에서는 튀김에 간장을 뿌려 김으로 감싸 '이소베마키'를 만들어 먹어도 좋습니다. 바다 향이 감도는 튀김의 맛이 술안주로도 더할 나위 없이 잘 어울립니다.

# 스테이크에는 와사비보다
# 생강이 잘 어울린다

## 생강 간장을 곁들인 일본식 스테이크

스테이크 전문점에 가면 스테이크에 와사비가 곁들여 나올 때가 있지 않습니까. 하지만 소고기의 지방에는 와사비보다 생강이 훨씬 더 잘 어울립니다. 입안을 깔끔하게 정리해주면서도 고기의 감칠맛을 가리지 않거든요. 스테이크를 먹을 때 생강 간장을 꼭 한번 곁들여보세요. 스테이크를 속까지 제대로 익히면서도 부드러운 미디엄 레어로 굽는 방법도 함께 소개하고자 합니다. 가정에서는 채소를 듬뿍 곁들여 드셔보세요.

소고기 안심 … 160g

소금·후추 … 각각 적당량

식용유 … 적당량

생강 간장

| 간장 … 2큰술
| 요리주 … 1큰술
| 간 생강 … 적당량

연겨자·간 무·각종 채소 … 각각 적당량

## 노자키 씨의 팁

술안주를 원하신다면 구운 스테이크에 연겨자를 올리고 김으로 싸서 드셔보세요. 술과 아주 잘 어울립니다.

**1** 소고기는 굽기 직전에 소금과 후추를 뿌린다. 프라이팬에 식용유를 얇게 둘러 달군 뒤, 젖은 행주 위에 올려 프라이팬을 살짝 식힌다. 소고기를 넣고 중불로 가열을 시작한다.

◎ 고기가 타지 않도록 저온에서부터 서서히 온도를 높입니다. 불소수지 가공 프라이팬을 써야 가능한 방법이지요.

**2** 겉면이 살짝 익으면 불을 조금 줄인 후 천천히 익힌다. 프라이팬에 나온 여분의 기름이나 불순물을 키친타월로 닦아낸다.

◎ 세지 않은 불에 천천히 익히는 이유가 있습니다. 40~60℃의 온도를 천천히 지나야 고기의 감칠맛을 결정하는 '미오신'이 더 많이 생성되어 맛이 좋아지기 때문입니다.

**3** 1분을 굽고 나면 고기를 반대편으로 뒤집어 다시 1분 굽고 뒤집는 과정을 반복하며 5분간 굽는다.

◎ 고기를 뒤집으면 프라이팬에 닿아 있던 면이 위로 올라오면서 잔열로 속까지 서서히 익습니다. 이를 반복하면서 속까지 열을 전달하는 것입니다.

**4** 마지막에 불을 강불로 올려 고기 표면의 수분을 날린다. 고기를 어슷하게 저며 썰어 근섬유를 끊어낸 후 그릇에 옮겨 담고, 연겨자·간 무·채소·생강 간장을 곁들인다.

◎ 생강 간장은 미리 간장과 요리주를 전자레인지에 10초간 돌려 알코올을 날리고 식혀둔 후, 먹기 직전에 생강을 갈아 넣으면 됩니다.

# 내게 최고의 진미는
# 촉촉한 달걀프라이!

## 촉촉한 달걀프라이 덮밥

제가 가장 좋아하는 음식입니다. 특히나 흰자 부분을 좋아하는데, 너무 바삭거리거나 단단해지면 안 됩니다. 표면은 탱글탱글하면서도 속은 촉촉하고 부드러운 반숙 상태가 되게 익혀야 합니다. 이러한 달걀프라이를 밥 위에 얹고 그 위에 간장과 고명을 살짝 뿌려 섞어 먹으면 그렇게 행복할 수가 없습니다. 핵심은 프라이팬이 아니라 생선구이 그릴에 굽는 것입니다. 노른자도 겉면이 살짝 하얘질 정도로만 부드럽게 익힙니다.

**재 료**(1인분)

달걀 … 1개

식용유 … 적당량

따끈한 밥 … 1공기

쪽파(송송 썬 것)·간 생강·간장
　　… 각각 적당량

**1** 프라이팬에 식용유를 두르고 불에 올려 달군 뒤, 일단 불을 끈다. 달걀을 그릇에 살살 깬 다음, 프라이팬에 조심스레 옮겨 다시 불에 올린다. 투명한 흰자가 조금씩 흰색을 띠기 시작하면 미리 예열해둔 생선구이 그릴에 넣는다.

◎ 프라이팬은 손잡이가 타거나 녹지 않도록 스테인리스 팬을 쓰는 것이 좋습니다. 스테인리스 팬이 없다면 프라이팬을 가스레인지에 올린 채로 뚜껑을 덮고 약불에서 익히세요.

**2** 생선구이 그릴의 위쪽 불로 달걀 표면을 익히다가 흰자가 전체적으로 흰색을 살짝 띠기 시작하면 꺼낸다. 그릇에 밥을 담고, 달걀 프라이를 올린 후, 쪽파와 간 생강을 올린다.

◎ 그릴이 아닌 가스레인지를 사용했을 시에는 흰자가 살짝 하얘졌을 때 불을 끄고, 뚜껑을 덮은 채로 2~3분간 뜸을 들이세요. 절대로 오래 익히지 않게 주의하세요.

**3** 노른자 가운데를 젓가락으로 콕 찔러 구멍을 낸 후, 그 자리에 간장을 뿌린 다음, 고명과 잘 섞는다.

◎ 간장은 입맛에 맞게 양을 조절하세요. 달걀을 뭉개듯이 섞지 않고 형태를 어느 정도 남겨두어야 먹을 때 식감의 차이를 즐길 수 있습니다.

**4** 맛있게 드세요!

# 달걀을 이용한 또 다른
# 두 가지 요리

## 100엔 달걀덮밥

달걀은 너무 오래 익히면 식감이 단단해져서 본연의 단맛과 풍미가 줄어듭니다. 촉촉하게 익혀야 달걀의 맛이 살아
나므로, 일식 달걀말이를 할 때처럼 달걀에 물을 섞어 가볍게 익힌 뒤 달걀노른자를 추가해 몽글몽글하게 익히면 원
가 100엔짜리 맛있는 덮밥이 완성됩니다.

### 재료(1인분)

달걀 … 2개

달걀노른자 … 1개

물 … 50ml

실파(송송 썬 것) … 1대 분량

우스구치 쇼유(국간장) … 2분의 1큰술

후추 … 소량

식용유 … 1큰술

따끈한 밥 … 1공기 분량

굵게 간 흑후추 … 적당량

**1** 볼에 달걀을 깨서 푼 다음, 물과 실파를 섞은
뒤, 우스구치 쇼유와 후추로 간을 한다.

**2** 프라이팬에 기름을 두르고 불에 올린 뒤, **1**의
달걀물을 붓는다(**a**). 실리콘 주걱으로 빠르게 섞다
가 반숙 상태가 되었을 때, 미리 풀어둔 달걀노른
자를 추가해 마저 섞는다. 달걀이 완전히 익어 굳
어지기 직전에 불에서 내린다(**b**).

**3** 그릇에 따끈한 밥을 담고, **2**를 올린 뒤 흑후추
를 뿌린다.

**a** 팬이 살짝 달궈졌을 때 달걀물을 붓는다. 치
익 소리가 난다면 너무 뜨겁게 달궈진 것이다.

**b** 달걀물이 완전히 익기 전에 달걀노른자를
추가해 섞는다.

# 말지 않아도 되는 시금치 달걀말이

주위에서 달걀말이를 잘 말지 못하겠다는 하소연을 종종 듣습니다. 그럴 때는 굳이 프라이팬 위에서 말지 않아도 됩니다. 프라이팬에서 달걀을 반쯤 익힌 뒤, 김발로 말아 전자레인지에 돌리면 됩니다. 이번에는 달걀말이에 시금치를 넣었지만, 다른 채소를 써도 됩니다.

## 재료(만들기 쉬운 분량)

달걀 … 2개
시금치 … 2포기
우스구치 쇼유(국간장) … 10ml
후추·식용유 … 각각 소량

**1**  시금치를 세로로 들고 줄기 부분을 끓는 물에 20초간 담근 뒤, 잎 부분도 마저 넣어 20초간 데친 후 찬물에 헹궈 물기를 짠다. 밑동은 잘라낸다.

**2**  볼에 달걀을 깨서 푼 다음, 우스구치 쇼유와 후추를 섞는다.

**3**  팬에 식용유를 얇게 두르고, **2**를 부어 반숙 스크램블드에그를 만든다. 김발 위에 랩을 깔고 스크램블드에그를 7cm 너비로 넓게 펼친다(**a**).

**4**  달걀 가운데에 **1**의 시금치를 올려 김발로 만다(**b**). 랩의 양 끝을 사탕 봉지처럼 비틀어 꽉 묶고, 다시 김발로 잘 말아 고무줄로 고정한다. 이대로 전자레인지에 30초 돌린 후 꺼내 30분간 두었다가 달걀말이를 꺼내 2cm 두께로 자른다.

**a** 반숙 스크램블드에그를 김발에 바로 올릴 수 있게 김발 위에 미리 랩을 깔아둔다.

**b** 김발로 말아 둥글게 모양을 잡은 뒤 전자레인지에 돌린다.

# 요세나베는 세 번에 나누어 먹는다

## 요세나베(모둠 전골)

일본의 전골 요리인 나베를 맛있게 먹는 법을 아시나요? 처음부터 재료를 다 넣고 팔팔 끓여 드시는 분들이 많
겠지만, 저는 재료를 먹을 만큼만 넣어 적당히 익었을 때 바로 건져 먹습니다. 이렇게 하면 재료 본연의 맛을
온전히 만끽할 수 있습니다. 또한 요세나베는 여러 재료를 함께 끓이기 때문에 육수를 따로 낼 필요가 없습니
다. 육수를 따로 내 넣으면 오히려 감칠맛이 너무 강해져서 각 식재료가 지닌 고유한 풍미가 가려질 수 있기 때
문입니다.

## 재료(2인분)

백합(해감한 것) … 4개

금눈돔(토막) … 50g짜리 4토막

새우 … 4마리

배추(어슷하게 저며 썬 것)
　　… 큰 잎 4장 분량

대파 흰 부분(3~4cm 길이) … 4토막

쑥갓 … 2분의 1단

표고버섯(밑동을 제거한 것) … 4개

두부(4등분) … 2분의 1모 분량

국물

　| 물 … 1리터
　| 우스구치 쇼유(국간장) … 70ml
　| 미림 … 30ml
　| 다시마 … 가로세로 10cm 1장

소금 … 적당량

## 노자키 씨의 팁

요세나베의 국물은 해산물의 감칠맛에 채소의 감칠맛까지 더해져 깊은 맛을 냅니다. 여기에 구운 양배추를 넣어도 맛있습니다. 요세나베를 다 먹어갈 때쯤이 되면 국물에 풍미가 가득해지니 우동면이나 밥을 넣어 든든하게 마무리해보세요.

**1**　금눈돔은 소금을 뿌려 20분간 재웠다가 80℃의 뜨거운 물에 가볍게 데쳐 겉면만 익히는 '시모후리'를 한 뒤, 찬물에 헹궈 물기를 닦는다.

◎ 생선조림을 할 때와 같은 방법으로 금눈돔을 미리 손질해둡니다.

**2**　새우는 꼬리 끝을 비스듬히 잘라낸다. 대파의 흰 부분은 표면에 비스듬하게 3~4군데 칼집을 낸다. 모든 재료가 준비되면 큰 접시에 담는다.

◎ 식탁에 미리 준비해두세요.

**3**　전골냄비에 국물 재료를 모두 넣고 금눈돔, 백합, 두부, 표고버섯, 대파를 분량의 절반씩만 먼저 넣어 중불에 올린다.

◎ 먼저 전골의 '주연급' 재료들을 맛봅니다. 금눈돔과 백합을 먼저 끓이면 국물에 해산물의 감칠맛이 잘 우러나와 국물 맛이 훨씬 좋아집니다.

**4**　가볍게 끓이다가 백합이 입을 벌리면 재료를 그릇에 덜어내고, 쑥갓의 절반을 국물에 살짝 데치듯 익혀 곁들인다. 불을 잠시 끈다.

◎ 국물이 끓어오르면 백합에서 나오는 거품을 걷어내세요. 국물이 너무 졸아들지 않도록 불은 잠시 꺼두는 것이 좋습니다.

**5**　처음 넣은 재료를 다 먹고 나면 새우와 배추를 절반씩 넣고, 남은 대파와 두부도 함께 넣어 약불에 5분간 끓인다. 새우가 빨갛게 변하면 냄비 속 재료를 전부 그릇에 덜어낸다.

◎ 이때도 재료를 건져낸 후에 불을 잠시 끕니다. 서두르지 말고 대화를 나누면서 천천히 식사를 즐겨보세요.

**6**　두 번째 재료까지 다 먹고 나면 쑥갓을 제외한 남은 재료를 전부 넣어 중불에서 끓인다. 백합이 입을 벌리면 쑥갓을 마저 넣어 숨이 살짝 죽을 때까지 익힌 뒤 그릇에 덜어낸다.

◎ 펄펄 끓이지 않아야 탁하지 않고 깔끔한 맛을 끝까지 유지할 수 있습니다. 재료를 넣을 때마다 조금씩 달라지는 국물 맛을 음미해보세요.

# 스키야키도 세 번에 나누어 먹는다!

## 스키야키(일본식 소고기 전골)

요세나베뿐만 아니라, 스키야키도 세 번에 나누어 먹습니다. 고기를 먼저 먹고 난 후에 채소를 먹는 과정을 반복하면, 맛이 한데 뒤섞이지 않아 각각의 식재료가 지닌 본연의 풍미를 온전히 음미할 수 있습니다. 또한 채소가 입안을 깔끔하게 정리해주는 역할을 하여 고기와 채소 모두 질리지 않고 맛있게 먹을 수 있습니다. 서두를 필요 없으니 천천히 대화를 나누며 여유로운 식사를 즐겨보세요.

## 재료 (2인분)

소고기 … 200g

우지(소기름) … 적당량

우엉(돌려가며 필러로 깎은 것→p.75)

　　… 100g

양파(1cm 폭의 반달 모양으로 썬 것)

　　… 1개 분량

실곤약(먹기 좋은 크기로 썬 것) … 200g

쑥갓(먹기 좋은 크기로 썬 것) … 2분의 1단

달걀 … 2개

설탕 … 3큰술

간장 소스 [2:1]

　│ 간장 … 40ml

　│ 요리주 … 20ml

기본 양념장 [1:1:1]

　│ 미림 … 50ml

　│ 요리주 … 50ml

　│ 간장 … 50ml

## 노자키 씨의 팁

고기가 남으면 다음 날 양파, 실곤약과 함께 기본 양념장에 졸여보세요. 반숙 달걀을 곁들여 규동(소고기 덮밥)을 해 먹으면 맛있습니다.

**1** 재료를 큰 접시에 담는다.

◎ 소고기는 감칠맛이 풍부한 살코기 부위를 사용하세요. 고기를 먼저 구운 뒤에 양념을 끼얹는 요리이므로 마블링이 많은 고기는 기름기가 많아 어울리지 않습니다.

**2** 무쇠 냄비나 프라이팬을 불에 올린 후, 우지를 골고루 바르고 일단 불을 끈다.

◎ 우지를 조금 가미하면 살코기를 써도 마치 마블링이 많은 고기와 같은 깊은 풍미를 냅니다.

**3** 먼저 냄비나 팬에 소고기 3분의 1 분량을 넓게 깐 다음, 설탕 1큰술을 뿌리고 불을 켠다.

◎ 스키야키는 농기구인 가래를 뜻하는 일본어 '스키'와 구이를 뜻하는 '야키'의 합성어로, 가래의 평평하고 넓은 쇳날에 고기를 구워 먹은 것에서 유래한 명칭입니다. '삶는' 요리가 아니라는 점을 기억하세요.

**4** 간장 소스의 3분의 1 분량을 끼얹어 고기를 굽는다. 고기가 반쯤 익으면 그릇에 달걀을 풀어 고기를 찍어 먹는다.

◎ 고기에 미리 설탕을 뿌려 구우므로 간장 소스는 달지 않게 만들어 간을 맞춥니다.

**5** 고기를 다 먹고 나면 우엉, 양파, 실곤약을 각각 3분의 1 분량씩 넣고, 기본 양념장 3분의 1 분량을 넣어 살짝 졸인다.

◎ 채소에는 단맛이 가미된 기본 양념장을 사용합니다.

**6** 쑥갓 3분의 1 분량도 마저 넣어 살짝 익혀 먹는다. **3~6**의 과정을 반복한다.

◎ 채소를 다 먹을 때마다 냄비를 한 번씩 닦아내면 훨씬 맛있게 먹을 수 있습니다. 프라이팬을 이용하면 이 작업이 훨씬 수월해집니다.

# 메밀면, 불어도
# 맛있게 먹는 방법

## 메밀면 유부초밥

'메밀면은 불면 맛없어진다'라고들 하지만, 사실 불어도 맛있게 먹는 법이 있습니다. 메밀면을 양념에 조린 유부에 넣거나 김으로 감싸 먹는 것입니다. 메밀면이 길쭉하면 조금만 불어도 쉽게 티가 나지만, 짧게 잘라서 삶으면 불었다는 느낌을 받지 못한답니다.

### 재료(2인분)

메밀면(건면) … 80g

멘쯔유(시판 제품) … 적당량

유부 조림

　유부 … 2장

　쌀뜨물 … 300ml

　조림 국물

　　물 … 100ml

　　미림 … 1작은술

　　간장 … 2분의 1작은술

　　우스구치 쇼유(국간장) … 약 1작은술

　　흑설탕 … 10g

토핑 … 적당량

**1**　유부는 쌀뜨물에 3분 정도 끓인 뒤, 찬물에 조물조물 헹궈 냄비에 담는다. 조림 국물 재료를 넣고 조림용 뚜껑을 덮어 불에 올린 뒤, 국물이 거의 졸아들면 불을 끄고 식힌다. 식으면 반으로 잘라 주머니 모양으로 벌려둔다.

**2**　메밀면은 3cm 길이로 잘라 제품 설명서에 적힌 시간대로 삶는다(**a**). 찬물에 조물조물 헹궈 물기를 완전히 뺀 다음, 멘쯔유로 버무린다.

**3**　**1**의 유부에 **2**의 메밀면을 듬뿍 채운다(**b**). 토핑(이번에는 양념장을 발라 구운 꽁치, 달걀말이, 오이)을 올리고, 그 위에 멘쯔유를 살짝 끼얹었다.

**a** 메밀면을 짧게 잘라 펄펄 끓는 물에 삶는다.

**b** 조린 유부를 반으로 잘라 안쪽이 바깥쪽으로 나오게 뒤집은 후, 메밀면을 채운다.

# 도시락,

## 이렇게 간단하다니!

주먹밥(→p.106)
말지 않아도 되는
시금치 달걀말이(→p.95)
우엉 조림(→p.74)
데친 브로콜리
반건조 가다랑어 오이무침(→p.55)
방울토마토

# 도시락 주먹밥의 기본

요즘 점심 도시락을 직접 싸서 다니시는 분도 많지요. 이번 장에서는 이제껏 소개한 요리들로 도시락을 싸는 법을 다양한 예를 통해 알려드리고자 합니다.

먼저 도시락의 기본은 '흰 쌀밥'이라 할 수 있지요. 여기에 밥이 술술 넘어갈 만한 '메인 반찬'이 하나 필요하고, 이 밖에도 영양의 균형과 색감을 고려해 부수적인 반찬과 알록달록한 채소가 들어가야 합니다. 여기에 볶은 깨나 가늘게 채 썬 김을 쟁여두면 요긴하게 쓸 수 있습니다. 생김새나 맛이 좀 부족하다 싶을 때 밥 위에 살짝 뿌리기만 해도 평범했던 흰 쌀밥이 갑자기 신경 써서 만든 요리처럼 보인답니다. 이는 평소 요리할 때도 마찬가지입니다. 나물이나 무침 요리에 무언가 부족함이 느껴질 때 볶은 깨나 가늘게 채 썬 김을 뿌리면 훨씬 일식다운 느낌이 나지요.

### 포인트

삼각형 주먹밥 두 개 중 하나는 간장에 절인 푸른 차조기잎(→p.111)이나 김으로 싸고, 나머지 하나는 검은깨를 뿌려 변화를 줍니다. 메인 반찬으로는 선명한 빨간색 파프리카를 넣은 달걀말이를 넣습니다. 이 밖에도 냉장고에 늘 쟁여두는 반찬인 우엉 조림을 넣고, 반건조 가다랑어 오이무침은 국물이 흐르기 쉬우니 작은 컵에 따로 담아 넣습니다. 그리고 부족해지기 쉬운 채소는 데친 브로콜리와 방울토마토로 보충합니다.

# 세 끼에 먹을 밥을 한꺼번에 짓기

도시락에 빠질 수 없는 존재인 밥. 밥은 세 끼 먹을 양을 아침에 전부 지으면 매
번 밥을 새로 짓지 않아도 되어 하루가 편해집니다. 이때 핵심은 전날 밤에 쌀을
씻어서 냉장실에 넣어두는 것입니다. 이렇게 전날 미리 준비해두면 바쁜 아침
에 할 일이 줄어들어 매일 따끈한 밥을 지을 수 있습니다.

## 1
### 전날 밤

쌀을 씻는다. 2~3회 씻은 뒤, 15분간 물에 불려두었
다가 체에 밭쳐 물기를 뺀다. 쌀을 씻을 때 올라오는
물이 살짝 뿌예도 괜찮다. 물기가 완전히 빠지면 냉
장실에 넣어둔다.

## 2
### 아침

전기밥솥에 **1**의 쌀과 물에 불리기 전의 쌀과 같은 양
의 물을 넣는다. 사진은 쌀 2홉(전기밥솥 계량컵 기준
2컵. 일반 계량컵은 1컵이 200ml지만, 전기밥솥의 계량
컵은 1컵이 180ml다.-옮긴이)을 넣은 모습으로, 쌀 3
홉을 넣는다면 물도 3홉을 넣는다. 전기밥솥의 '쾌속
취사'로 밥을 짓는다.

### 노자키 씨의 팁

쌀 3홉으로 밥을 지으면 밥의 무게가 960g이 되
므로 320g씩 세 끼에 나눠 먹는 게 좋습니다. 솥
의 맨 윗부분은 밥이 고슬고슬하므로 단촛물을
섞어 저녁에 초밥을 해 먹고, 중간 부분의 밥은
주먹밥을 만들어 점심 도시락으로 싸 가고, 맨 밑
에 깔린 진밥은 밥공기에 덜어 아침 식사로 드시
기를 권합니다.

## 3
완성된 밥

지은 밥의 3분의 1은 점심 도시락으로 싸 간다. 갓 지은 뜨거운 밥을 바로 넣으면 도시락통에서 식는 사이에 김이 맺혀 축축해지므로 도시락통에 담기 전에 큼직한 쟁반에 넓게 펼쳐 한 김 식힌다. 주먹밥을 만들 때 밥이 너무 뜨거우면 잘 뭉쳐지지 않고, 반대로 너무 차가우면 모양을 잡기 어려우므로 온기가 어느 정도 남아 있을 때 만드는 것이 좋다.

지은 밥의 3분의 1은 아침 식사로 먹는다. 건더기를 듬뿍 넣고 끓인 미소 된장국에 냉장고에 있던 다른 밑반찬을 곁들인다.

지은 밥의 3분의 1은 저녁에 먹도록 냉장실에 넣어둔다. 가끔 단촛물을 섞어 초밥을 만들어 먹으면 단조로운 식단에 변화를 줄 수 있어 좋다.

# 노자키 씨의 주먹밥 강좌

많은 분이 주먹밥을 만들 때 오해하시는 점이 하나 있습니다. 주먹밥을 만들 때 밥을 손으로 꾹꾹 눌러서 만들어야 한다고들 생각하세요. 절대로 그러지 마세요. 밥알과 밥알 사이에 공간을 남겨두어야 먹었을 때 입안에서 사르르 풀리는 맛있는 주먹밥이 만들어집니다. 밥을 너무 꾹꾹 누르면 밥알이 서로 달라붙어 주먹밥이 팍팍해져요. 손에 쥔 밥을 엄지 안쪽과 중지로만 살살 눌러가면서 모양을 잡는다는 생각으로 만들어보세요.

**1** 갓 지은 밥을 쟁반에 넓게 펼쳐 한 김 식힌다. 물 100ml에 소금 10g을 녹여 소금물을 만든다.

◎ 이렇게 만든 소금물에 손을 적셔 주먹밥을 빚으면 주먹밥에 골고루 간이 뱁니다.

**2** 손을 소금물에 적신 후, 주먹밥 1개에 해당하는 80g의 밥을 왼쪽 손바닥에 올려 손가락을 구부린 뒤, 오른손으로 가볍게 쥐어 삼각형 모양의 틀을 잡는다.

◎ 왼쪽 사진의 손 모양을 잘 기억해두세요! 오른손은 주먹밥이 삼각형 모양이 되게 돕는 역할만 할 뿐, 밥을 꾹꾹 누르지 않도록 합니다.

**3** 밥을 올린 왼손의 엄지 안쪽과 구부린 중지로 밥을 살살 누른다. 한 번만 눌러도 삼각형 모양이 잡힌다.

◎ 제가 가리키고 있는 부분이 엄지의 '안쪽'이 닿는 부분입니다.

**4** 뭉쳐진 밥을 120° 돌린 후, 마찬가지로 엄지 안쪽과 중지로 살짝 누른다. 이 과정을 한 번 더 반복한다.

◎ 이렇게 하면 공기가 들어간 상태에서 가볍게 모양이 잡힙니다. 주먹밥은 이렇게 살살 뭉치기만 해도 충분합니다.

**5** 남은 밥도 **2~4**의 과정을 반복해 만든다.

# 돼지고기 생강구이 도시락

메인 반찬은 돼지고기 생강구이입니다. 밥이 술술 넘어가는 맛으로, 양파도 함께 먹을 수 있습니다. 여기에 양질의 단백질과 필수 영양소를 고루 갖춘 완전식품인 달걀을 추가합니다. 달걀은 반숙 계란장이든 일반 삶은 달걀이든 상관없습니다. 마지막으로 푸른색을 더해주는 신선한 크레송을 입가심용으로 듬뿍 담습니다. 크레송 대신 푸른 차조기잎이나 깻잎 등을 넣어도 좋습니다.

# 닭고기 데리야키 도시락

밥과 각종 재료가 듬뿍 들어간 메인 반찬으로만 구성된 도시락으로, 이 정도라면 쉽게 만들 수 있겠다고 생각하시는 분도 많을 것입니다. 데리야키는 속까지 완전히 익히는 요리이므로 안심하고 도시락 반찬으로 활용할 수 있습니다. 채소와 표고버섯이 듬뿍 들어가므로 맛과 색감은 물론이고 영양적인 균형까지 두루 갖추었습니다.

# 보온 푸드자에 담아 가는 따뜻한 도시락

추운 계절에는 따끈한 국물 요리가 더욱 생각나지요. 요즘 인기 있는 '보온 푸드자'에 건더기가 듬뿍 들어간 국물 요리를 담아 가보세요. 아침에 간단히 끓이기만 해서 푸드자에 담으면 잔열이 점심시간까지 유지되어 건더기가 속까지 더욱 부드럽게 익습니다. 여기에 주먹밥이나 빵을 곁들이기만 해도 푸짐한 점심 식사가 됩니다.

# 도시락 반찬으로 활용하기 편한 향신 채소 간장 절임

텃밭에서 다량으로 수확한 푸른 차조기잎이나 매실 등을 신선할 때 미리 손질해서 저장해두기 좋은 음식이 바로 간장 절임입니다. 미리 만들어둔 간장 절임을 잘게 다져 주먹밥에 넣어 먹거나 언제든지 꺼내 먹을 수 있는 밑반찬으로 활용할 수 있지요. 게다가 남은 간장은 조미료로도 사용할 수 있답니다. 이 간장 하나면 볶음요리에 다른 양념이 필요 없고, 회를 찍어 먹어도 맛있습니다.

냉장실에 반년 이상 보관할 수 있으니 채소가 신선할 때 미리 만들어두었다가 두고두고 활용해보세요. 시험 삼아 적은 양을 미리 만들어볼 수 있도록 아래에 지퍼백을 이용해 만드는 방법을 소개하지만, 많은 양을 만들 때는 깨끗이 살균한 병에 보관하는 것이 좋습니다.

## 푸른 차조기잎 간장 절임

### 재료

깨끗이 씻어 물기를 닦아낸
　푸른 차조기의 잎이나 꽃이삭
　　… 적당량
간장 … 차조기가 잠길 만한 양
지퍼백 … 1장

**1** 차조기의 잎이나 꽃이삭을 지퍼백에 담고, 간장을 붓는다.

**2** 지퍼백을 조물조물해서 차조기를 간장에 완전히 적신 뒤, 냉장실에 5~7일 숙성시킨다.

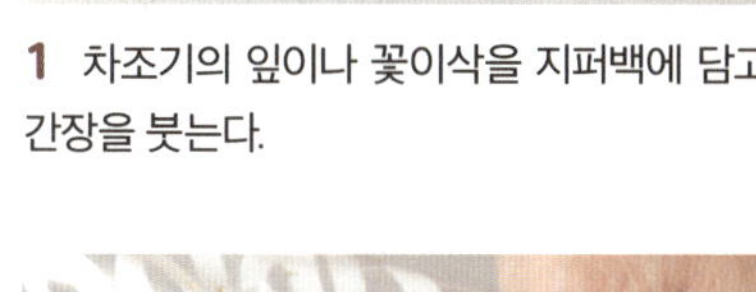

**3** 간장이 충분히 배어 차조기의 숨이 죽은 상태다.

**4** 간장만 냄비에 따라 끓여 살균한 뒤, 완전히 식으면 다시 차조기가 담긴 지퍼백에 부어 냉장 보관한다.

# 마지막으로 중요한 내용을 한 번 더 짚고 넘어갑시다

## 1

### 일단 슈퍼마켓에서는
### 신선한 식품만을 취급한다

요즘은 슈퍼마켓에서 육류든 생선이든 채소든 신선하지 않은 제품은 팔지 않습니다. 그런데도 유통이나 냉장 기술이 발달하지 않았던 수십 년 전과 똑같은 방법으로 요리를 한다고 생각해보세요. 이상하지 않습니까?

요즘은 '신선한 재료'를 먹는 시대입니다. 신선한 재료를 쓰니 오래 익힐 필요도 없고, 조미료를 적게 넣어도 됩니다. 따로 육수를 내지 않아도 됩니다. 각 재료가 지닌 본연의 맛을 즐기세요. 이를 위한 구체적인 방안을 **2~5**에서 설명합니다.

## 2

### 생선에는 소금을 뿌린다
### (='맛의 통로'를 만든다)

이 방법은 특히 가정에서 요리할 때 꼭 실천하셨으면 합니다. 생선에 소금을 뿌리면 삼투압 현상으로 미세한 틈이 생겨 소금은 안으로 침투하고 안쪽에서는 불필요한 수분이 빠져나오는 '맛의 통로'가 생깁니다. 이렇게 통로가 만들어진 덕분에 열을 가했을 때 조리액이나 조미료는 재료에 잘 스며들고, 반대로 식재료의 맛 성분은 밖으로 잘 우러나와 조미료를 적게 써도 충분한 맛을 낼 수 있습니다. 소금을 미리 뿌리는 행동이 결과적으로는 요리에 들어가는 전체 소금의 양을 줄이는 셈입니다.

## 3

### 재료를 '뜨거운 물'에 데쳐
### 불순을 제거한다

재료 본연의 맛을 즐기려면 꼭 거쳐야 하는 과정입니다. 채소나 버섯은 특유의 아린 맛이나 떫은맛이 날 때가 있고, 육류나 생선 같은 동물성 단백질 식재료는 아무리 신선해도 불순물이 묻어 있기 마련입니다. 그렇기에 식재료를 뜨거운 물에 살짝 데쳐 잡내나 불순물을 말끔히 제거한 후에 조리거나 볶으면 맛이 훨씬 깔끔해집니다. 사람도 목욕하고 나면 몸이 말끔해지는 것처럼 식재료도 마찬가지입니다.

이 책에서 소개한 요리 비법은 다른 요리에도 얼마든지 응용할 수 있습니다.

중요한 내용이라 마지막에 한 번 더 짚고 넘어가니, 부디 잘 기억해두셨다가 매일 하는 요리에 활용해보세요.

## 4

### 너무 오래 익히면
### 맛없어진다

동물성 단백질인 고기나 생선은 60℃ 이상의 온도에서 가열하면 점차 세포가 파괴되고 수분이 빠져나가 식감이 퍽퍽해집니다. 게다가 감칠맛 성분도 함께 빠져나갑니다. 예전에는 식중독을 염려해 재료를 속까지 완전히 익혔지만, 신선한 식재료를 얼마든지 구할 수 있는 요즘에는 재료를 '너무 오래 익히지 않는 것'이 가능해졌습니다. 예를 들어 부리다이콘(방어무 간장조림)을 만들 때도, 방어는 어느 정도 익으면 잠시 건져두었다가 무가 다 조려졌을 때쯤 다시 넣어 마지막에 열을 살짝 가해 완성합니다.

## 5

### 끓이거나
### 삶을 때는 80℃

닭고기를 삶을 때(→p.62), '삶는다'라는 표현을 쓰기는 하지만 흔히 생각하듯 펄펄 끓이지는 않습니다. 동물성 단백질은 65~80℃ 정도에서 감칠맛이 가장 잘 우러나오기 때문입니다. 그러니 닭고기를 삶을 때는 기포가 한두 개 올라올 듯 말 듯한 정도의 화력을 15~20분간 유지하세요. 그래야 육수가 맑게 우려지고, 고기 자체도 야들야들하게 익습니다. 요즘은 다이소 등에서도 조리용 온도계를 판매하니 주방에 하나쯤 갖춰두시면 좋습니다.

## 6

### 밥은 전기밥솥의
### '쾌속 취사'로 짓는다

쌀은 '건조식품'이므로 깨끗이 씻어서 물에 충분히 불린 후에 밥을 지어야 합니다. 그러나 이때 간과하기 쉬운 점이 하나 있습니다. 전기밥솥의 '일반 취사'에는 쌀을 불리는 시간이 포함되어 있어 미리 불린 쌀로 밥을 지으면 밥이 질어집니다. 그러니 이미 불린 쌀은 쌀을 불리는 과정이 포함되어 있지 않은 '쾌속 취사'로 밥을 짓는 것이 좋습니다. 쌀을 불리는 시간을 포함해도 전체 조리 시간을 단축할 수 있답니다.

# 진정한 사치란
# 무엇일까요?

저는 후쿠시마현의 후루도노마치에서 나고 자랐습니다. 집 앞에는 논이 펼쳐져 있었고, 근처 밭에서는 채소를 한 가득 수확했지요. 햅쌀로 지은 밥은 그 자체로 훌륭한 요리였고, 어머니께서 갓 따 온 채소로 차려주신 밥상은 지금도 그 맛이 생생히 기억납니다. 그러다 고향을 떠나 도쿄로 와서 살다 보니 쇼핑이 사치의 상징인 시대가 되었습니다. 근처에서 재배된 채소보다 멀리서 들여온 유명 브랜드 채소가 더 좋다는 인식과, 음식을 직접 만들어 먹기보다는 외식하는 게 더 우월하다는 생각이 오래 이어졌습니다. 하지만 지역 농산물 소비가 차츰 재조명을 받기 시작하더니 이제는 다시 뒷마당 텃밭에서 갓 수확한 채소를 먹는 것이 진정한 사치인 시대가 되었습니다.

저는 집 뒷마당에 작게나마 텃밭을 일구며 향신 채소를 키우고 있습니다. 그렇게 키운 채소를 따서는 '이것으로 어떤 요리를 할 수 있을까?' 고민할 때도 있습니다. 요즘은 도심의 아파트에 살아도 베란다에서 허브를 키우거나 주말농장을 빌려 채소를 키우는 분들이 늘고 있습니다. 저는 여러분도 그런 수확의 기쁨을 꼭 아셨으면 합니다.

직접 요리해서 먹는 것. 그 기본적인 일에 대해 다시 한번 생각해보세요. 쌀밥을 중심으로 한 일식은 우리의 원점이자 삶을 지탱해주는 요리입니다. 생각보다 간단하니 여러분도 꼭 직접 만들어보시면서 더욱 풍요로운 일상을 누리셨으면 합니다. 그런 바람을 담아 이 책을 썼습니다.

2025년 2월,

일식 요리사 노자키 히로미츠